大中型水电站运行检修系列

大中型水电站水库调度自动化

国网浙江紧水滩电厂　组编

内 容 提 要

本书以水电站水库调度自动化为基础，结合水库调度日常值班、水情自动测报系统、水库调度自动化系统运行维护及新技术新方法应用等内容，介绍了大中型水电站水库调度原理、日常值班工作内容，水情自动测报系统、水库调度自动化系统运行检修方法。

本书可作为大中型水电站水库调度专业人员技能培训教材，也可作为相关水电厂新入岗员工学习参考用书。

图书在版编目（CIP）数据

大中型水电站水库调度自动化/国网浙江紧水滩电厂组编．—北京：中国电力出版社，2023.5

（大中型水电站运行检修系列）

ISBN 978-7-5198-7552-7

Ⅰ.①大…　Ⅱ.①国…　Ⅲ.①水力发电站—水库调度—自动化　Ⅳ.①TV697.1

中国国家版本馆CIP数据核字（2023）第016853号

出版发行：中国电力出版社
地　　址：北京市东城区北京站西街19号（邮政编码100005）
网　　址：http：//www.cepp.sgcc.com.cn
责任编辑：崔素媛（010-63412392）
责任校对：黄　蓓　王小鹏
装帧设计：赵姗姗
责任印制：杨晓东

印　　刷：廊坊市文峰档案印务有限公司
版　　次：2023年5月第一版
印　　次：2023年5月北京第一次印刷
开　　本：710毫米×1000毫米　特16开本
印　　张：9.75
字　　数：168千字
定　　价：45.00元

编 写 组

主 编 杨 聃

参 编 刘国富 金建乐 陈其远 吕晓勇 邵广俊
周 涛 吕仲成 胡伟飞 李 佳 李 珂

前言

水电作为一种洁净的可再生能源，具有运行费用低廉、机组启停灵活、调峰能力强的优势，早已成为国际国内首选开发的能源。正因为如此，水电在电网中的作用与地位越来越重要和突出。作为水电站运行调度的主要专业——水库调度，通过合理利用其工程和技术设施，对入库径流进行经济合理调度，尽可能减免水害、增加发电和综合利用效益，以实现充分利用水能资源，为水利电力部门和其他有关行业提供有效服务。

本书以水电厂水库调度自动化为基础，结合水库调度日常值班、水情自动测报系统、水库调度自动化系统运行维护及新技术、新方法应用等内容，介绍了大中型水电站水库调度原理、日常值班工作内容，水情自动测报系统，水库调度自动化系统运行检修方法等。

本书兼备通俗性、实用性及规范性，具体体现在：

通俗性。本书文字通俗易懂，贴近水电站水库调度实际，引用标准、现场图片、实际案例等形式进行辅助说明，确保水调人员能看懂、能读懂、能掌握，易于被员工所接受，可以作为水电厂水库调度的工具书。

实用性。本书适应当前水情自动测报系统、水库调度自动化系统实际工作要求，精选水情自动测报系统故障案例与参数配置等方面内容，适用于培训。

规范性。本书严格对照国家法律法规，国家电网公司相关规章制度、技术规范标准等，并由国网紧水滩电厂具有丰富管理经验和一线实践经验的人员进行数次审核。

全书共分4章，第一章为水库调度，介绍水库调度的任务、基本原则，发电调度和防洪调度原理与水库调度日常值班具体工作内容；第二章为水情自动测报系统，介绍GPRS水情自动测报系统、超短波水情自动测报系统的组成、工作原理、参数设置等及自动测报系统故障分析与处理；第三章为水库调度自动化，介绍水库调度自动化系统原理、功能、网络结构、高级应用、功能模块配置及维护等内容；第四章为水库调度自动化新技术、新方法应用，介绍以大数据机器学习、程序化决策、二维码技术等新技术、新方法应用，开展全流域洪水预报、班组全业务流程及设备全寿命周期管理，提升水库调度业务能力和班组管理水平。

本书第一章、第四章第二节和第三节由刘国富编写，第二章由陈其远编写，第三章、第四章第一节由金建乐编写。本书可作为开发水电厂水库调度自动化的培训教材，以实现针对性培训，提高培训质效。本书还可作为水电厂水库调度的操作手册，书中提供的各种参照范本可作为水情遥测及水库调度自动化检修的参照范例和工具，内容从水情遥测检修现场管理角度出发，针对性强，调度运行单位可以拿来即用，也可因需而变。本书也可作为水库调度管理人员进行自我管理及自我提升的工具书。

限于编者水平，书中难免有疏漏、不妥或错误之处，恳请广大读者批评指正。

编　者

2022年10月

目　录

第一章

水 库 调 度

水电作为一种洁净的可再生能源，具有运行费用低廉、机组启停灵活、调峰能力强的优势，早已成为国际国内首选开发的能源。正因为如此，水电在电网中的作用与地位越来越重要和突出。水库调度是水电站运行调度的主要专业，其任务是通过合理利用其工程和技术设施，对入库径流进行经济合理调度，尽可能大地减免水害、增加发电和综合利用效益，以实现充分利用水能资源，为水利电力部门和其他有关行业提供有效服务。水库调度的基本原则在确保工程安全的前提下，分清发电与防洪及其他综合利用任务之间的主次关系，统一调度，使水库综合效益尽可能最优。

第一节　水库调度概述

一、水库调度的任务、基本原则和主要工作内容

1. 水库调度的任务

水库调度的任务是合理利用其工程和技术设施，对入库径流进行经济合理调度，尽可能大地减免水害、增加发电和综合利用效益，以实现充分利用水能资源和水资源的目的，为水利电力部门和其他有关行业提供有效服务。

2. 水库调度的基本原则

水库调度的基本原则是，在确保工程安全的前提下，分清发电与防洪及其他综合利用任务之间的主次关系，统一调度，使水库综合效益尽可能最优。

（1）当工程安全与满足供电、上下游防洪及其他用水要求发生矛盾时，应当首先考虑工程安全。

（2）当供电的可靠性与经济性发生矛盾时，应当首先满足可靠性要求。

3. 水库调度的主要工作内容

水库调度的主要工作内容如下。

（1）编制最优的或合理的运行调度方案、方式及计划。

（2）按所编制的方案、方式及计划，根据面临的实际情况和信息进行实时调度和操作控制，尽可能实现最优调度。

（3）进行运行调度资料的记录、整理和分析总结。

（4）开展其他有关的各项工作，如收集和复核工程、设备及上下游特性等，组织有关建筑物和设备的运行特性试验。

（5）开展水文气象预报，建立健全各项运行调度规程和规章制度，开展有关科学试验研究和技术革新等。

二、水库调度的分类

1. 根据调度对象划分

根据调度对象不同，水库调度可划分为发电调度、防洪调度、灌溉调度、供水调度、航运调度、改善环境调度、泥沙调度、防凌调度等。

发电调度是根据系统负荷或水情信息，合理安排水电站运行方式，争取获得最大发电效益或耗用最少发电用水量；防洪调度是运用防洪工程或防洪系统中的设施，有计划地实时安排洪水的蓄泄以达到尽量减免洪水灾害的防洪效果，同时还要适当兼顾其他综合利用要求，对多沙或冰凌河流的防洪调度，还要考虑排沙、防凌要求；灌溉调度是根据水库设计要求，按一定保证率约束，在灌溉季节综合考虑水库蓄水量和农作物灌溉定额（需水量）与来水过程等，确定灌溉供水过程；供水调度一般是指工业或城镇生活等用水的供给计划，这种需水量较小、长期较稳定，但可靠率要求很高；航运调度主要是通过给定水库上下游最低水位、水位过程的1h或日最大变幅等限制来实现；改善环境调度主要通过给定水库上游最低水位或最小下泄流量等限制来实现；泥沙调度是通过对水库水位和泄量的运用控制，为达到排沙、减淤目的而进行的水库调度；防凌调度是合理控制凌汛期水库的蓄泄过程，以避免或减轻凌汛灾害，并争取最大兴利效益。

在不同类型水库的兴利调度中，发电调度、灌溉调度及供水调度是主要的兴利调度对象；汛期时，防洪调度则是水库的主要调度对象；而灌溉调度（发电为主的水库）、供水调度（发电或灌溉为主的水库）、航运调度、改善环境调度、泥沙调度、防凌调度等主要是在兴利调度中通过给定限制条件来实现。

2. 根据运行时间范围划分

依据运行时间范围，水电站可划分为中长期、短期和实时（小时）经济运行。中长期经济运行的主要任务是将一定时期（季、年及多年）范围内的有限输入能合理（最优）分配到其中较短时段（月、旬、周及日），制定出各电站的中长期（最优）运行方式。短期经济运行的主要任务是指长期经济运行所分配给本时段（周、日）的输入能在其中更短时段（日、小时）间合理分配，以确定水电站逐日或逐小时负荷和运行状态，制定出各电站短期（最优）运行方式。实时经济运行（操作控制）的主要任务是将短期经济运行分配到水电站的负荷合理分配到各台机组，并根据负荷等因素的变化调整各机组负荷，尽可能实现各电站及整个电力系统的（最优）经济运行。

当水电站具有一定调节性能的水库时，制定和实现水电站经济运行方式的中心问题是制定和实现其水库的最优合理调度方式。实时经济运行适用于所有水电站；短期经济运行对应有日、周及以上调节性能水库的短期调度；中长期经济运行则主要对应季、年及多年调节性能水库的中长期调度。

3. 根据运行空间范围划分

对应于短期或实时时间范围，水库调度又可划分为水电站厂内经济运行和厂间或电力系统经济运行。

厂内经济运行的主要任务为：①优化确定水电厂实时（时段）负荷应投入工作机组的最优台数、组合及机组间负荷的最优分配；②水电厂一周内最优运行方式（时段之间应该考虑机组启停次序问题）的制定和实现等有关问题。厂内经济运行实际上包含了实时经济运行和短期经济运行。厂间或电力系统经济运行的主要任务是研究系统中各电站（水、火等电站）之间的负荷最优分配，制定和实现各电站在不同历时运行期的最优运行方式等有关问题。

对应于短期或中长期时间范围，可划分为单一水库调度和水库群或水火电站群联合调度，后者是合理利用库容补偿或径流补偿等措施，确定各水库短期或中长期调度任务。

三、水库调度运用的主要参数、指标及基本资料

1. 水库调度运用的主要参数、指标

水库调度运用的主要参数及指标应包括：①水库正常蓄水位、设计洪水位、校核洪水位、汛期限制水位、死水位及上述水位相应的水库库容；②水电站装机容量、发电量、保证出力及相应保证率；③控制泄量等。有防洪任务的水库还应包括：①防洪高水位和防洪库容；②下游防洪标准和安全泄量；③汛期预留防洪库容的分期起讫时间等。兼有灌溉、给水任务的水库还应包括设计规定的灌溉、给水的水量、水位要求，以及相应的保证率和配水过程。有航运、漂木任务的水库还应包括设计规定的各类过坝运量和过坝方式、满足下游河道水深要求的相应流量等。

特征水位主要表示水库工程规模及运用要求的各种库水位，各水位和相应的库容有其任务和作用，如图 1-1 所示。

（1）死水位和死库容。水库在正常运用情况下，允许消落的最低水位称为死水位，死水位以下的库容为死库容。一般情况下死库容中的水量是不可利用的，主要是为了保持水电站有一定的工作水头和满足其他综合利用要求而设置。

（2）正常蓄水位和兴利库容。水库在正常运用情况下，水库为满足兴利要求，在设计枯水年开始供水时应蓄到的水位叫正常蓄水位，正常蓄水位又称正常高水位或设计蓄水位，该水位与死水位间的库容称为兴利库容（又称调节库容），正常蓄水位与死水位的水库深度称为消落深度。

（3）防洪限制水位。在汛期允许水库蓄水的上限水位叫防洪限制水位，也是在设计条件下水库防洪的起调水位，其一般低于正常蓄水位。根据洪水特性和防洪要求，汛期不同时段可拟定不同的防洪限制水位，在满足安全的前提下提高水能利用。

（4）防洪高水位和防洪库容。水库承担下游防洪任务时，为控制下游防护对象设计标准洪水时所拦蓄的洪水在坝前达到的最高水位，称为防洪高水位。

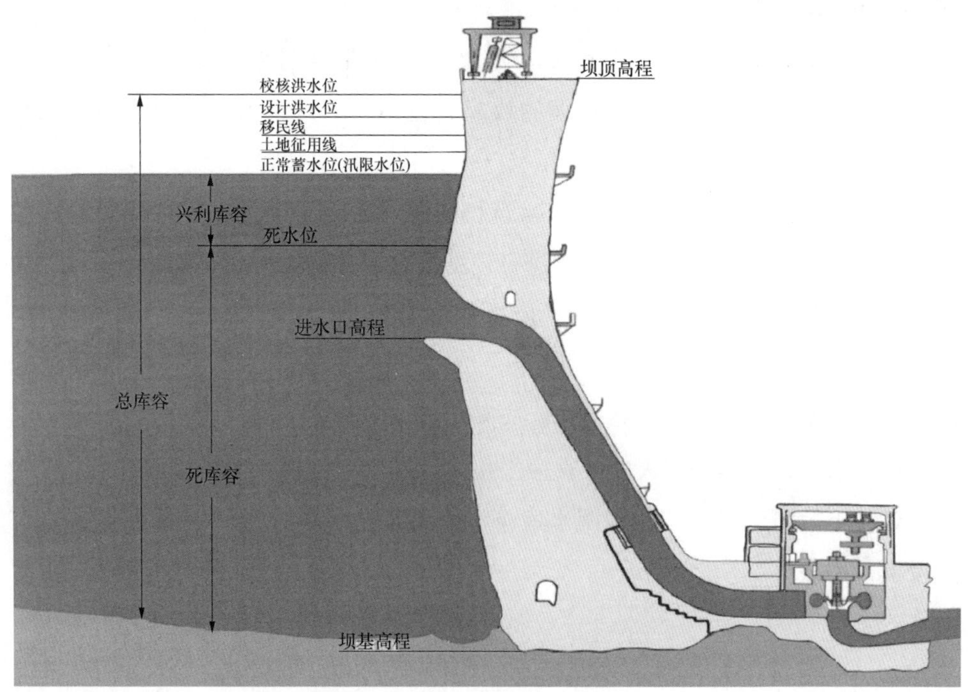

图 1-1 水库主要特征水位

该水位与防洪限制水位之间的库容称为防洪库容。

(5) 设计洪水位。当大坝遇到设计洪水时水库在坝前达到的最高水位称为设计洪水位。

(6) 校核洪水位和调洪库容。当大坝遇到校核洪水时水库坝前达到的最高水位，称为校核洪水位。该水位是水库在设计中预计可能出现的最高水位，校核洪水位和防洪限制水位之间的水库容积称为调洪库容，校核洪水位以下的库容叫水库的总库容。

2. 水库调度基本资料

水库调度基本资料主要包括库容曲线、设计洪水、径流资料、泄流曲线、水轮发电机组特性曲线、下游水位—流量关系曲线、引水系统水头损失曲线及下游河道资料。

(1) 库容曲线。原始库容曲线应采用设计提供的曲线。泥沙问题严重的水库，应定期进行水库淤积测量，按泥沙淤积情况复核库容曲线。新库容曲线应报上级主管部门备案，必要时需经批准。

（2）设计洪水。应采用经审批的设计洪水（包括分期洪水）成果。

（3）径流资料。应采用经整编的成果。包括年、月、旬、日径流系列及其保证率曲线，典型年过程等。

（4）泄流曲线。包括各种泄水建筑物的泄流曲线。水库运行初期采用模型试验曲线，积累足够实测资料后应进行现场测定，成果报上级主管部门批准。

（5）水轮发电机组特性曲线。应采用制造厂提供的资料或现场效率试验成果。

（6）下游水位—流量关系曲线。应采用现场实测成果。

（7）引水系统水头损失曲线。应采用设计提供的资料或现场率定成果。

（8）下游河道资料。应阐明水库下游河道堤防和分、滞洪区防洪体系的构成及其使用条件。

第二节　发电及兴利调度与防洪调度

一、发电及兴利调度

（一）水电站发电及兴利调度的任务、原则和内容

1. 水电站兴利调度的任务

水电站兴利调度的任务是根据枢纽工程设计的开发目标、参数、指标和兴利部门间的主、次关系及要求，合理调配水量，充分发挥水库的兴利效益。

2. 水库兴利调度的原则

水库兴利调度必须遵循以下原则。

（1）保证枢纽工程安全，按规定满足其他防护对象安全的要求。

（2）坚持计划用水、节约用水、一水多用的原则。

（3）各综合利用部门用水要求有矛盾时，应坚持保证重点、兼顾其他、充分协商、顾全整体利益的原则。

（4）必须遵守设计所规定的综合利用任务，不得任意扩大或缩小供水任务、范围。库内引水应纳入水库水量的统一分配和调度。

（5）凡并入电网运行的水电站，在保证各时期控制水位及蓄水的前提下，应充分发挥其在电网运行中的调峰、调频和事故备用等作用。

3. 兴利调度计划的主要内容

编制和报送兴利调度计划的主要内容如下。

（1）预测、拟定计划期内的来水过程。

（2）协调用水部门对水库供水的要求。

（3）拟定计划期内控制时段的水库运用指标。

（4）制定调度计划；拟定实施调度计划的措施。

（二）水电站发电调度计划编制

1. 发电计划分类

按照计划时间长短和水库流域来水情况及水库特殊控制要求，水电站发电计划可分为两类：①年、季、月、周、日发电计划；②汛期、枯水期、灌溉期及施工期等特殊时期水库运用计划。

年计划一般包括水电站的年来水预测、年发电量、分月发电量、分月出库水量或平均出库流量计算、预计水库各月末水位、存在的主要问题及建议等基本内容。月计划一般包括水电站月来水预测、月电量、月出库水量或平均出库流量、预计水库月末水位、存在的主要问题及建议等基本内容。日计划一般包括水电站次日来水预计、96 点电力曲线和日电量、日出库水量或日均出库流量、预计 24h 水位等基本内容。

2. 发电计划编制原则

根据库水位在水库调度图上的位置确定水库运用方式，不得超计划及超规定用水。多年调节水库在蓄水正常情况下，年供水期末库水位应控制不低于年消落水位。只有遭遇大于设计保证率的枯水年时，才允许动用多年调节库容；在遭遇大于设计保证率的枯水段时，才允许降至死水位。

水电站水库调度运行中，除特殊情况外，最低运行水位不得低于死水位。当遭遇枯水而库水位又在限制供水（出力）区时，应调整用水计划，经上级批准后核减。在确保水电站安全的前提下，以水定电，统筹兼顾，合理利用水能资源，充分发挥水库的综合效益和水电站在电网运行中的调峰、调频和事故备用等作用。

年发电计划一般采用 70％～75％频率的来水编制，同时还应选取其他典型来水计算发电量，供电力电量平衡时参考。月、日发电计划应在前期发电计划的基础上，参考水文气象预报情况编制。遇实际来水与预计值偏差较大等特殊情况时，及时对发电计划进行调整。

3. 发电计划编制依据

发电计划编制应根据水电站所在流域自然地理特性，依据国家批准的水电站设计文件及有关水库调度规程、水库实际来水和预计后期来水情况、水电站的运行约束、大坝及影响水库正常运行的水工建筑物施工对水位和水库出流等限制、节能发电调度和经济运行、水库防洪和综合利用等有关要求编制发电计划。

4. 发电计划编制步骤

首先，根据实际和预报降水量，对水库来水进行预测；其次，综合分析运行约束以及水库防洪和综合利用要求，确定期初、期末控制水位；最后，根据水量平衡原理进行计算，编制水电站各种发电和水库运用计划。

二、防洪调度

（一）防洪调度的任务、原则和内容

1. 水库防洪调度的任务

水库防洪调度的任务是，根据规划设计或防洪复核选定的水库工程洪水标准（设计标准和校核标准）和下游防护对象的防洪标准，结合当年水库的挡水建筑物、泄洪设施和配套工程的实际情况，按照水库、下游河道堤防及分蓄洪区防洪体系联合运用原则及泄洪方式，在确保水库工程安全的前提下，通过控制水库泄流对入库洪水进行调蓄，以保障上、下游防护对象的安全，并尽可能使水库取得最大的综合效益。

2. 水库防洪调度的原则

水库防洪调度必须遵循以下原则。

(1) 在确保水库工程安全的前提下，最大限度地发挥水库对上、下游的防洪作用。

(2) 在满足前一条原则的条件下，正确处理防洪与兴利的关系，尽量使防洪库容结合兴利，并力求少留调洪库容，且通过预报调度重复利用，提高水库综合效益。

(3) 力求合理核定调洪参数，使制定的调洪规则和防洪调度图既安全可靠，又切合实际。

(4) 应根据洪水预报来拟定和不断修正泄洪方式，尽量使下泄流量均匀，以减轻下游的防洪压力。

3. 水库防洪调度的主要内容

水库防洪调度的主要内容如下。

（1）不定期的复核水库防洪参数（防洪限制水位和最高洪水位）。

（2）根据水库工程洪水标准及水库对下游承担的防洪任务，确定水库洪水调度方式和控制泄流的判别条件。

（3）制定防御超标准洪水的非常措施及其使用条件。

（4）根据原规划设计或复核修正后的规划设计，结合现状，编制水库防洪调度方案和当年度汛计划，在遭遇洪水时据此进行实时防洪调度。对于洪水具有季节性变化的水库，应制定分期防洪调度方案，实行分期防洪调度；对于未承担下游防洪任务的水库，一般规定水库蓄水超过一定水位即采取敞泄方式，为避免给下游造成人为的灾害，必须明确规定敞泄的起始水位和敞泄前的流量值；对于承担下游防洪任务的水库，一般采用分级控制泄洪的防洪调度方式，因此须按照下游不同防护对象划分水库控泄级别，并根据其防护对象的重要程度和河道主槽、堤防、动用分洪措施的行洪能力，确定各级对象的安全标准和安全泄量，同时还要确定遇到超过下游标准的洪水、水库转为保坝调洪方式的判别条件；由串联、并联水库共同承担下游防洪任务时，还应制定联合运行防洪调度方案。

（二）水库调洪计算方法

水库的调洪作用是通过使洪水过程变形达到的。洪水变形是指通过水库蓄水体的蓄滞，按照防洪调度规则进行的泄流设施控制，使水库出库流量过程 $Q_{ck}(t)$ 比入库洪水过程 $Q_{rk}(t)$ 峰值降低、过程更均匀。

洪水波在水库中行进时，其沿程各断面的水位、过水面积、流速及流量等均随时间而变化，由于阻力和水库的调蓄作用，洪水过程自入库断面至坝址逐渐坦化，属于明渠渐变非恒定流，其变化规律可用圣维南方程组描述。

连续方程为

$$\frac{\partial A}{\partial t}+\frac{\partial Q}{\partial L}=0 \tag{1-1}$$

动力方程为

$$-\frac{\partial Z}{\partial L}=\frac{Q^2}{K^2}+\frac{v\partial v}{g\partial L}+\frac{1}{g}\frac{\partial v}{\partial t} \tag{1-2}$$

式中 A——过水断面面积，m^2；

t——时间，s；

Q——流量，m^3/s；

L——沿河流方向的距离，m；

Z——水位，m；

g——重力加速度；

v——断面平均流速，m/s；

K——流量模数，m^3/s。

由于圣维南方程组属于拟线性变系数双曲型偏微分方程组，需根据水流的初始条件和边界条件，求出水位 z（或水深 h）和流量 Q（或流速 v）随时间和流程的变化关系，该偏微分方程组一般难以得到解析解，实际应用中常采用近似解法，如瞬态法、差分法和特征线法等。

瞬态法是将水库调洪过程中的连续动库容平衡问题转化为一系列离散时刻的静库容平衡问题，其算法概念清楚、方法简单，且能达到满意的精度，因此应用较为广泛。

将连续型转化为离散型，即可得水库水量平衡方程，为

$$\frac{Q_{rk}(t)+Q_{rk}(t+1)}{2}\Delta t-\frac{Q_{ck}(t)+Q_{ck}(t+1)}{2}\Delta t \tag{1-3}$$

$$=V(t+1)-V(t)=\Delta V(t)\quad (t=1\sim T)$$

式中 T——总时段数；

Δt——计算时段长，s；

$Q_{rk}(t)$、$Q_{rk}(t+1)$——分别为 t 时段初、末入库流量，m^3/s；

$Q_{ck}(t)$、$Q_{ck}(t+1)$——分别为 t 时段初、末出库流量，包括发电和泄流等，m^3/s；

$V(t)$、$V(t+1)$、$\Delta V(t)$——分别为 t 时段初、末库蓄水量及时段内水库蓄水变化量，m^3。

式（1-3）表示一个时段内进入水库和流出水库的水量之差，等于该时段内水库蓄水量的变化值。显然，它没有反映洪水演进过程，即没有考虑沿程水位和流速变化等的影响，因此该式只近似反映了式（1-1）。但静库容调洪算法计算简单，基本抓住了问题的主要方面，能较理想地用于调蓄能力大的水库的调洪计算。

静库容调洪算法用水库泄洪建筑的泄流特性代替式（1-2），即

$$Q_{ck}(t)=f[V(t)] \tag{1-4}$$

式中 $f(x)$——水库出流的综合特性函数，包括发电、泄流及其他出流的流量特性。

在进行水库调洪计算中，一般已知入库洪水过程 $Q_{rk}(t)$ 和出流特性，需要推求的是水库的出流过程 $Q_{ck}(t)$ 及相应的蓄水量过程 $V(t)$ 或水位过程 $Z_{sy}(t)$。

对任一时段 t，联合求解式（1-3）和式（1-4）组成的方程组，即可得到时段末的 $V(t+1)$ 和 $Q_{ck}(t+1)$。由于式（1-4）是非线性的，求解该方程组常用试算法或图解法。

下面以无闸门控制的自由泄流水库为例，说明联立求解式（1-3）和式（1-4）进行调洪计算的过程，自由溢流水库调洪示意如图 1-2 所示。

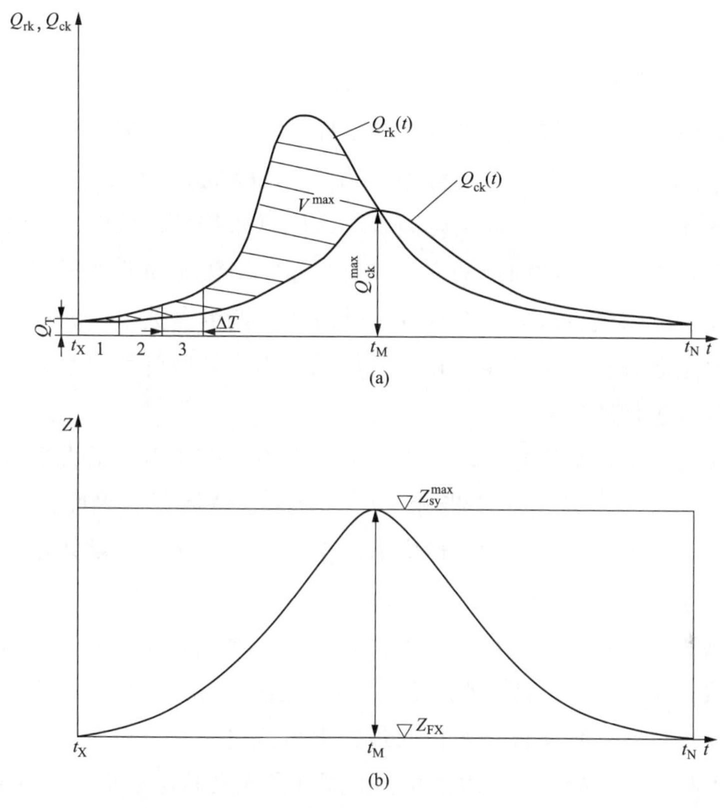

图 1-2 自由溢流水库调洪

在泄洪期间，水电站一般以最大过流能力 Q_T 进行发电。假设调洪计算起始时刻，水库水位为防洪限制水位 Z_{FX}，即 $V(1)=V_{FX}$，则 $Q_{qs}(1)=0$，$Q_{ck}(1)=Q_T+Q_{qs}(1)=Q_T$。

对于第一个时段，时段末 $Q_{ck}(2)$ 和 $V(2)$ 由试算确定。其步骤是，先假设一个 $Q_{ck}(2)$ 值并代入式（1-3）算出相应的 $V(2)$，再据 $V(2)$ 由式（1-4）计算得出相应的 $Q'_{ck}(2)$ 值，若 $|Q_{ck}(2)-Q'_{ck}(2)|>\varepsilon_Q$(允许误差)，重新假设 $Q_{ck}(2)$，并重复上述计算；否则 $V(2)$、$Q'_{ck}(2)$ 即为所求的时段末库蓄水量和出

库流量，然后逐时段进行类似的计算，便可求得该场洪水整个调洪期间水库的泄流过程 $Q_{ck}(t+1)(t=1\sim T)$ 和蓄水量过程 $V(t+1)(t=1\sim T)$。从而可求得最大下泄流量 Q_{ck}^{max}、最大库蓄水量 V^{max} 及相应的最高洪水位 Z_{sy}^{max}。

对于溢洪道有闸门控制时，水库调洪计算原理和过程与自由溢流时完全类似，只是有闸控制时泄流特性曲线是以不同闸门开度为参数的一组曲线，计算过程要繁琐一些。

（三）水库调洪特征值

水库调洪特征值是决定水库规模和水库防洪效益的参数，主要包括防洪限制水位 Z_{FX}、防洪高水位 Z_{FG}、设计洪水位 Z_{SJ} 及校核洪水位 Z_{XH}。

决定水库调洪参数大小的主要因素有入库洪水特性、水库至下游防洪控制点之间的洪水特性、下游河道的安全控制泄量、泄洪建筑物的类型与尺寸、调洪规则及相应的调洪方式等。在规划设计阶段，调洪参数要依据这些因素通过调洪计算及全面分析论证选定。在运行期间，则应随着各种因素的变化，定期地对调洪参数进行复核。

对于实时洪水，水库防洪调度主要关心水库最高水位、最大下泄流量、调洪期末的水库控制水位这 3 个指标。水库最高水位体现了水库自身和上游防洪（如果库区有淹没）的效益；最大泄流量体现了下游的防洪效益；调度期末的水位反映水库兴利与防洪的协调关系。在汛期，要尽可能缩短高水位历时，使库水位落到期望水位（主汛期一般要降到汛限水位；在汛期末，如果有可靠的天气预报，有可能会拦蓄洪水尾巴），以防后续可能到来的大洪水。当给定调度期末控制水位时，水库最高水位与最大下泄流量是互相矛盾的，下游防洪对象要求水库尽量多削峰，多拦蓄洪量，而库区和大坝防洪要求水库尽量多下泄，以降低坝前水位、减少库区淹没损失。

（四）水库常规调洪规则及实施

水库防洪调度规则是水库调度规程的重要组成部分，是生成水库调度方案的基础。它是根据水库防洪调度的任务、防洪特征水位、水库的调洪方式、水库泄流量的判别条件等，编制的决定水库防洪调度的具体规定和操作指示。其作用是指明在各种可能情况下（如来水、水库水位），水库应当如何蓄泄。

下面将首先讨论编制防洪调度规则时如何选择反映洪水量级的判别条件，然后再结合选定的调洪方式及洪水判别条件来说明如何编制出具有整体连贯性的水库防洪调度规则。

1. 洪水量级判别方法

（1）最高水位判别法。这是以各种频率洪水的水库最高调洪水位为判别条件的方法。在洪水调度时根据实际库水位达到何种频率洪水的最高调洪水位来判别入库洪水的级别，由此决定水库以相应级别洪水的调洪规则控制泄流。此法一般用于调洪库容较大且下游防洪任务重的水库。

（2）最大流量判别法。这是以各种频率洪水的洪峰流量为判别条件的方法。在洪水调度时根据入库流量（由预报得知）达到何种频率洪水的洪峰流量来判别入库洪水的级别，由此决定水库以相应级别洪水的调洪规则控制泄流。此法一般用于调洪库容小的水库。

（3）综合判别法。这是结合使用以上两个判别条件的各种方法。如在洪水调度中按库水位和入库流量中哪一项先满足各自的最大值来判别洪水的级别，由此决定水库以相应级别洪水的调洪规则控制泄流。此外，还有综合考虑入库流量、水库前期蓄水量及后期最陡退水曲线的判别控制泄流的方法（洪水判别图法）等。

2. 防洪调度规则

在确定水库的调洪方式及选定洪水判别条件的基础上，必须将水库在各种洪水条件的调洪方式加以总结和归纳，并根据洪水的判别条件，从常遇洪水一直到校核洪水，有序的、彼此连贯的逐一规定水库泄水方式和操作方法，用明确规定的条文形成水库的防洪调度规则。

（1）水库调洪方式的选择是制定防洪调度规则的基础。对于承担下游防洪任务的水库，若下游有不同重要性的防护对象，应采取分级控制方式，体现“小水少放，大水多放”的原则。当出现超下游防洪标准洪水时，应结合泄洪建筑物的具体情况采取加大下泄，甚至敞泄的调洪方式。

（2）控制不同泄量的依据是洪水的量级（用重现期表示）。应根据水库及其下游区间洪水的规律寻求某种水文要素的指标量作为判别条件。良好的判别条件，可使判断的失误率缩小，而且可较早做出判断。

（3）为编制水库防洪调度规则而进行水库调洪计算时。必须从常规洪水至校核洪水有序的、彼此衔接逐级进行，每次进行较大洪水的调洪计算，必须从小到大逐级控制泄量，即必须结合判断条件，根据已出现的洪水情况，逐级加大泄量。

（4）防洪调度规则具有整体性和连贯性。连贯性体现在不管出现哪一个量级（或重现期）的洪水，总是应该按规则逐条连续操作，直到出现洪水量级与条款规定的洪水一致为止。整体性体现在水库防洪调度规则是防洪特征参数（防洪限制水位、防洪高水位、设计洪水位、校核洪水位）、泄洪建筑物形式、尺寸、运用条件（如泄洪设施及闸孔的启用次序、闸门的开启方式等）、水库调洪方式、洪水判别条件等要素的共同产物。任何一个要素的变动，原则上都应该对水库防洪调度规则进行全面复核和修订。

各水库的具体情况不同，调洪方式也不一样。水库防洪调度规则一旦以条文的形式得到上级有关部门的批准，就具有法律效力。

第三节　水库调度日常值班

一、水库调度日常值班内容

水库调度日常值班的内容如下。

（1）收、发水情电报，及时掌握雨、水、沙、冰情和水库运行情况。

（2）做好水文预报，掌握防洪、蓄水、用水情况，进行水库调蓄计算，提出调度意见。

（3）按规定及时与有关单位联系和向有关领导请示汇报，并按授权发布调度命令。

（4）做好水量平衡计算和调度运用资料统计工作。

（5）做好调度值班记录和交接班工作。

（6）做好水库调度自动化系统、水情自动测报系统运行维护。

（7）做好设备日常巡查及定期检查等。

二、水库调度日常值班具体工作

大中型水电站日常共有 20 多项常规工作，每月需向上级单位和部门上报 200 多次报表和总结分析。包括向省市防汛部门、国家能源局大坝安全监察中心、省经信委、省电力公司等单位报送日、周、旬、月、年水情信息、大坝信息及发电、泄洪申请等，具体报送情况见表 1-1。

表 1-1　　大中型水电站日常值班信息报送表

序号	水库调度项目	负责人	备　注
1	水量平衡计算校核	值班员	水量平衡计算、校核、打印
2	08:00 水位记录校核	值班员	每日 08:00 坝前人工遥测水位校对

续表

序号	水库调度项目	负责人	备 注
3	水情电报发送	值班员	每日 08:00 向省、市水利部门发送水情电报，水库泄洪或应急响应期间加报
4	水情日报填报	值班员	每日 07:00、15:00 水电生产管理系统填报
5	水电防汛日报报送	值班员	每日 18:00 前报送国家电网公司
6	水电站大坝汛情报送	值班员	每日 10:00 前报送大坝中心
7	安全生产周报	值班员	每周五发生产技术部
8	水情旬报发送	值班员	每月 1、11、21 日发省电力公司
9	发送月生产简报	值班员	每月 21 日发送
10	生产情况周报	值班员	每周一发送生产技术部
11	下月发电计划	值班员	每月 10 日前编制下月发电计划
12	水情月报传真	值班员	每月 1 日传真省水利厅水情室
13	水情月度报表发送	值班员	每月 1 日编制 24 张月报表发各部门
14	周发电计划	值班员	每周一发省电力公司
15	下季发电计划	值班员	编制每季发电计划
16	水库快报网页填报	值班员	每月 21 日填报
17	水库月报网页填报	值班员	每月 1 日填报
18	设备巡查	值班员	每班巡查一次
19	工作日志填写	值班员	在记录本或网页填写
20	汛情日报、周报填报	值班员	指定网页每日填报
21	汛末蓄水计划	值班员	报送汛末降雨、来水、水位等数据
22	枯水期运用计划	值班员	报送枯水期来水、水位、电量等数据
23	年水库运用计划	值班员	报送年度水位控制及发电量等数据

（一）水情报汛

根据水利部、省市水利部门、国家能源局大坝安全监察中心和上级主管部门相关文件要求，开展水电站水库、大坝水情信息报送工作。

1. 水利部门报汛工作

（1）报汛任务。主汛期（浙江汛期为 4 月 15 日—10 月 15 日）每日报送 08:00 的日雨量、水库水位、蓄水量、出库流量，大中型水库闸门变动时或总出库流量变化时，及时报送水库出入库流量等信息。应急响应期间各水库根据所在市、县应急响应级别加密报送出（入）库流量等信息，部分水库要每日列报前一天的日平均出库流量。承担预报任务的水库按要求向省市水文管理中心报送预报结果，当实测 24h 或气象预报未来 24h 水库库区降雨量达指定数值，或者水库水位大幅上涨影响上下游防洪安全时，水库应及时报送预报成果，并根据雨水情形势滚动更新预报。非汛期每月 1 日、11 日、21 日拍旬月报。

（2）报汛方式。水情要素报汛工作以自动传输为主、人工报汛为辅的方式进行。人工报汛主要用于未实现自动传输的信息报送及校核自动传输的信息，报汛方式有微信公众号、报汛机、网页、电话等。

（3）报文说明。日、旬、月拍报编码说明和泄洪拍报编码说明分别见表 1-2 和表 1-3。

表 1-2　日、旬、月拍报编码说明

拍报内容	单位	说　明	举例
站号		站号编码	70501100
时间	MMddHHmm	月日时分	09250800
日降水量	mm	单站 08:00—08:00 日雨量，保留 1 位小数	21
天气情况		7 表示雨，8 表示阴，9 表示晴	7
旬雨量	mm	单站 08:00—08:00 旬雨量，保留 1 位小数	
月雨量	mm	单站 08:00—08:00 月雨量，保留 1 位小数	
入库流量	m^3/s	保留三位有效数字	50.2
时段长	h	1h 或 3h	3
库上水位	m	坝上 08:00 的水位，保留 2 位小数	178.40
水势状态		4 表示落，5 表示涨，6 表示平	5
蓄水量	$10^6 m^3$	水位对应库容，保留 2 位小数	1055.76
总出库流量	m^3/s	总出库流量，保留 3 位有效数字	0
流量测法		1 代表水位流量关系曲线查得或其他估算方法求得； 2 代表浮标及溶液测流法测得； 3 代表用流速仪及量水建筑物测得	1

表 1-3　泄洪拍报编码说明

拍报内容	单位	说　明	举例
站号		站号编码	70501100
观测时间	MMddHHmm	月日时分	08200903
入库流量	m^3/s	保留三位有效数字	3850
时段长	h	1h 或 3h	3
坝上水位	m	坝上 08:00 的水位，保留 2 位小数	187.21

续表

拍报内容	单位	说　明	举例
水势状态		4 表示落，5 表示涨，6 表示平	5
蓄水量	10^6m^3	水位对应库容，保留 2 位小数	1250.65
总出库流量	m^3/s	总出库流量，保留 3 位有效数字	2000
流量测法		1 代表水位流量关系曲线查得或其他估算方法求得； 2 代表浮标及溶液测流法测得； 3 代表用流速仪及量水建筑物测得	1
输水设备类别			
输水设备编号			
闸门开启孔数		开启闸门孔数	2
闸门开启高度	m	开启闸门高度，保留 1 位小数	2.2
输水设备流量	m^3/s	单孔泄洪流量，保留 3 位有效数字	815
流量测法		1 代表水位流量关系曲线查得或其他估算方法求得； 2 代表浮标及溶液测流法测得； 3 代表用流速仪及量水建筑物测得	1

2. 国家能源局大坝安全监察中心汛情报送工作

（1）报汛内容。汛期每日 10：00 前完成报送。内容包括：08：00 的水库水位、入库流量、出库流量、弃水流量、库水位涨落情况等。前 24h 内泄过洪水的，还应同时报送前一日 08：00 至当日 08：00 的降雨量、最高库水位、最大入库流量、最大出库流量、最大弃水流量、泄洪情况说明。对于水库水位超过汛限水位运行的大坝，须说明原因。

（2）报汛方式。软件自动报送、网页人工报送、微信人工报送等。

（3）报汛要求。对于一周之内累计 3 日未按时报送汛情信息的单位，大坝中心将向其主管单位通报；对于一周之内累计 5 日未按时报送汛情信息的单位，大坝中心还将向所在地派出能源监管机构通报。

（二）水电站水量平衡计算

水量平衡计算是根据水情自动测报系统、电力监控系统采集的实时水位信息、发电机组开停机状态、发电量信息等，结合水库电站库容曲线、泄流曲线、机组特性曲线等基本参数，按照水量平衡计算原理开展水务计算，计算结果包括小时和日的水库入库水量、出库水量、发电水量、泄洪水量、空载水量、水库耗水率、实际出力、平均出力、平均库水位、平均尾水位、平均水头、单机出力、发电量等，是水库调度工作最基础的数据。具体计算方法如下。

1. 水位和水头

（1）平均库水位。根据 0～24h 瞬时库水位用面积包围法计算平均库水位，计算公式为

$$P=\frac{H_0\cdot(T_1-T_0)+H_1\cdot(T_2-T_0)+H_2\cdot(T_3-T_1)+H_3\cdot(T_4-T_2)+\cdots+H_{n-1}\cdot(T_n-T_{n-2})+H_n\cdot(T_n-T_{n-1})}{T_T/2}\tag{1-5}$$

式中　P——平均库水位；

$H_0\sim H_n$——0～24h 瞬时库水位，m；

$T_0\sim T_n$——0～24h 瞬时库水位的时间，h；

T_T——总时间，h。

（2）平均尾水位。根据 0～24h 瞬时尾水位用面积包围法计算平均尾水位。计算公式同式（1-5）。

（3）平均水头。平均水头的计算为

平均水头＝平均库水位－平均尾水位　　（1-6）

（4）实时水头。实时水头的计算为

实时水头＝实时库水位－实时尾水位　　（1-7）

2. 发电流量和发电水量

（1）实时发电流量。根据实时机组出力和实时水头查询出力—水头—流量曲线，得出实时发电流量。

（2）单机时段发电水量。可用面积包括法计算单机时段发电水量，为实时发电流量×发电时间。

（3）时段发电水量。累加各单机时段发电水量。

（4）时段发电流量。时段发电流量＝时段发电水量/3600。

（5）日发电水量。累加 00:00～23：59 的时段发电水量。

（6）日发电流量。日发电流量＝日发电水量/86 400。

3. 泄洪流量和泄洪水量

（1）实时泄洪流量。根据瞬时库水位和闸门开度查询库水位—闸门开度—泄流量关系曲线，得出瞬时泄洪流量。

（2）单机时段泄洪水量。可用面积包括法计算单机时段泄洪水量，为实时泄洪流量×发电时间。

（3）时段泄洪水量。累加各单机时段泄洪水量。

（4）时段泄洪流量。时段泄洪流量＝时段泄洪水量/3600。

（5）日泄洪水量。累加 00：00～23：59 的时段泄洪水量。

（6）日泄洪流量。日泄洪流量＝日泄洪水量/86 400。

4. 机组空载水量

机组空载水量＝空载时间累计×时间的秒数×空载流量。

5. 出库流量和出库水量

（1）时段出库水量。时段出库水量＝时段发电水量＋时段空载水量＋时段泄洪水量＋其他水量。

（2）日出库水量。日出库水量＝日发电水量＋日空载水量＋日泄洪水量。

（3）时段出库流量。时段出库流量＝时段出库水量/3600。

（4）日出库流量。日出库流量＝日出库水量/86 400。

6. 库容差和蓄差流量

（1）时段库容差。时段库容差＝时段末库容－时段初库容。

（2）日库容差。日库容差＝24 时库容－0 时水位库容。

（3）时段蓄差流量。时段蓄差流量＝时段库容差/3600。

7. 入库流量和入库水量

（1）时段入库水量。时段入库水量＝时段出库水量＋时段库容差。

（2）时段入库流量。时段入库流量＝时段入库水量/3600。

（3）日入库水量。日入库水量＝日出库水量＋日库容差。

（4）日入库流量。日入库流量＝日入库水量/86 400。

8. 发电出力

（1）日实际出力。日实际出力＝日发电量/日发电时间。

（2）日单机出力。日单机出力＝日单机电量/单机发电时间。

（3）日平均出力。日平均出力＝日发电量/24。

9. 日发电量与发电时间

（1）日发电时间。日发电时间＝各台机发电时间总和。

（2）日总发电量。日总发电量＝各台机发电量总和。

10. 耗水率

耗水率＝日发电水量/日发电量。

11. 单位及保留小数

水量平衡计算单位及保留小数见表 1-4。

表 1-4　　水量平衡计算单位及保留小数

名称	单位	保留小数位数
水位	m	2
水量	10^6m^3	3
库容差	10^6m^3	3
电量	$10^4kW·h$	2
出力	10^4kW	2
时间	h	2
耗水率	$m^3/(kW·h)$	2
流量	m^3/s	3 位有效数字

（三）洪水预报

1. 洪水预报定义及内容

洪水预报是根据洪水形成和运动的规律，利用过去和实时水文气象资料，对未来一定时段的洪水发展情况的预测。通过准确及时的洪水预报，为水库的兴利与防洪服务，提高效益，降低灾害。

预报内容包括最高洪峰水位（流量）、洪峰出现时间、洪水过程、洪水总量等。

2. 洪水预报分类

（1）按预见期长短分。可分为：①短期预报，预见期在 2 天以内；②中期预报，预见期为 3～10 天；③长期预报，预见期在 10 天以上一年以内。

（2）按洪水成因分。可分为暴雨洪水预报、融雪洪水预报、冰凌洪水预报、海岸洪水预报等。

3. 洪水预报阶段

（1）洪水预报分类。可分为模拟预报、实时预报及随机预报。

1）模拟预报。以未来发生的降水过程进行模拟的洪水预报。

2）实时预报。以采集到当前小时为止的实际降水进行洪水预报。

3）随机预报。以采集到当前时段为止的实际降水进行洪水预报。

（2）径流形成的两阶段。

1）产流阶段。降雨产流分为超渗产流、蓄满产流，其中径流主要是由降雨形成的地下径流和地面径流组成。

2）汇流阶段。流域汇流是流域上各处的净雨量沿着一定的方向和路线演变为出口断面的流量过程。它包括坡面汇流和河网汇流两个阶段。

4. 降雨径流洪水预报

洪水预报所需资料包括退水曲线、产流模型（P-P_a-R 曲线）、汇流模型（单位线）、库容曲线、流域雨量站权重系数等。

洪水预报时，按实际落地降水开展预报，按后期预报降水开展洪水估报；根据时段降水过程及降水分布、基流、前期影响雨量等参数，推求水库坝址入库流量过程；准确、及时开展洪水预报，预报精度满足《水文情报预报规范》（GB/T 22482—2008）中规定的要求。

降雨径流预报操作步骤是：根据流域降雨过程、初始 P_a 值，查 P-P_a-R 曲线计算净雨量过程，选择流域各时段降水空间分布，计算各时段降水产流过程，计算合计产流，退水流量分析计算，预报水库坝址断面入库流量过程，并根据水位库容曲线反推坝前水位过程。

（四）月度发电计划编制

大中型水电站发电计划包括短时计划、短期计划和中长期发电计划，如日计划、周计划、月计划、季度计划、5～9 月汛期计划、汛末蓄水计划、枯水期计划、年度计划等，按照气象部门预报的降水量，结合水库调度图合理开展期末水位预测和发电量安排，以达到充分利用水能，增加发电量和保证系统安全运行的目的。

发电计划编制需要多年平均径流系数、水位库容曲线、水库调度图、尾水位—流量关系、水头—机组—出力出流关系、预报降水量等资料。

月度发电计划编制步骤如下。

1. 月来水量 $W_{入}$

根据径流系数计算月来水量，有

$$W_{入}=\frac{aPF}{10^3} \tag{1-8}$$

式中 $W_{入}$——月来水量，保留 4 位小数，$10^8 m^3$；

a——径流系数，人工输入，保留 4 位小数；

P——月降水量，保留 1 位小数，mm；

F——流域面积，km^2。

2. 月保证电量 $E_{保}$

根据月初、月末水位，查水库调度图可知该月的平均运行出力 $N_{平}$，计算出月的保证电量 $E_{保}$，有

$$E_{保}=N_{平}\times 月的天数\times 24 \tag{1-9}$$

$$E_{保} = N_{平} \times 月的天数 \times 24$$

式中 $E_{保}$——保证电量，保留 2 位小数，万 kW·h；

$N_{平}$——平均运行出力，保留 2 位小数，10^4kW。

3. 月发电水量 $W_{发}$

由于月初、月末水位给定，可根据水量平衡原理计算出月发电水量，即

$$W_{入} - W_{出} = \Delta V \tag{1-10}$$

式中 $W_{入}$——入库水量，保留 4 位小数，$10^8 m^3$；

$W_{出}$——发电水量，保留 4 位小数，$10^8 m^3$；

ΔV——库容差，保留 4 位小数，$10^8 m^3$。

库容查 ΔV 的计算，有

$$\Delta V = \frac{月末水位的库容 - 月初水位的库容}{100} \tag{1-11}$$

发电用水的 $W_{发} = W_{出}$，未考虑泄洪。

4. 平均发电流量 $Q_{发}$

将月发电水量除以月的时间秒数得月的平均发电流量 $Q_{发}$，有

$$Q_{发} = \frac{W_{发} \times 10^8}{月的天数 \times 24 \times 3600} \tag{1-12}$$

5. 平均水头 H

(1) 月平均库水位 $Z_{库}$。将月初水位 $Z_{初}$ 和月末水位 $Z_{末}$ 相加除以 2，即

$$Z_{库} = \frac{Z_{初} + Z_{末}}{2} \tag{1-13}$$

(2) 月平均尾水位 $Z_{尾}$。可根据尾水位—流量关系曲线查得月平均尾水位 $Z_{尾}$。

(3) 月平均水头 H。将月平均库水位 $Z_{库}$ 减去月平均尾水位 $Z_{尾}$，即

$$H = Z_{库} - Z_{尾} \tag{1-14}$$

6. 月度计算发电量 $E_{计}$

月度计算发电量 $E_{计}$ 的计算为

$$E_{计} = \frac{Q_{发} + T}{Q_{耗}} \ E_{计} = \frac{Q_{发} \times T}{Q_{耗}} \tag{1-15}$$

式中 $Q_{耗}$——月耗水率；

T——1 个月的时间，以秒计，s。

月耗水率的计算为

$$Q_{耗}=\frac{3600\times Q_{单机}}{N_{实}} \tag{1-16}$$

式中 $Q_{单机}$——单机出流量，可由水头—机组—出力流量曲线查得；

$N_{实}$——单机实际出力。

7. 其他情况

若月计算发电量 $E_{计}$ 大于保证发电量 $E_{保}$，说明月末水位定得偏低，可以提高月末库水位，反之，应降低月末水位。

当电量不符要求，需要重新假定月末水位 $Z_{末}$，重复上述计算步骤。

若发电水量超过实际机组过水能力，多余部分应按弃水量考虑。

（五）洪水调度

日常值班过程中，当水库流域发生强降水或台风影响时，及时开展洪水预报工作，并在水电站可能发生泄洪时按要求发布防汛（防台风）预警、启动相应应急响应，做好水情汇报、汛情报送、泄洪处置等防洪调度工作。水电站洪水调度流程如图 1-3 所示。

1. 洪水调度所需资料

洪水调度所需资料有洪水预报方案、库容曲线、泄洪曲线、洪水调度原则、泄洪处置方案等。

2. 洪水调度方式

根据水量平衡原理，利用洪水成果预报、实际入库洪水过程和水电站调洪规则开展预泄调度、补偿和错峰调度、实时预报调度及梯级联合调度。

（六）调度运用资料管理

在水库防洪与发电调度过程中，形成发电申请文档、预警应急文档、泄洪申请文档、水情汇报文档等调度文档，通过建立文档模板，便于提高水库调度工作效率，实现调度文档的统一编制和防洪工作标准化、制度化、规范化管理。

（七）日常值班和汛期 24h 值班要求

（1）应及时掌握当前水位、入库流量、发电情况（当前开机台机、机组可否全部投入运行）、昨日降水量、当月累计降水量等。

（2）掌握水库水位控制要求，确认坝前水位是否偏高，近期电量安排是否需要调整，坝前水位在降水期要适当控制，发生大强度过程性降水时要降低运行水位。

（3）了解水库流域后期降水情况（包括短期、周降水、旬降水、月降水）、

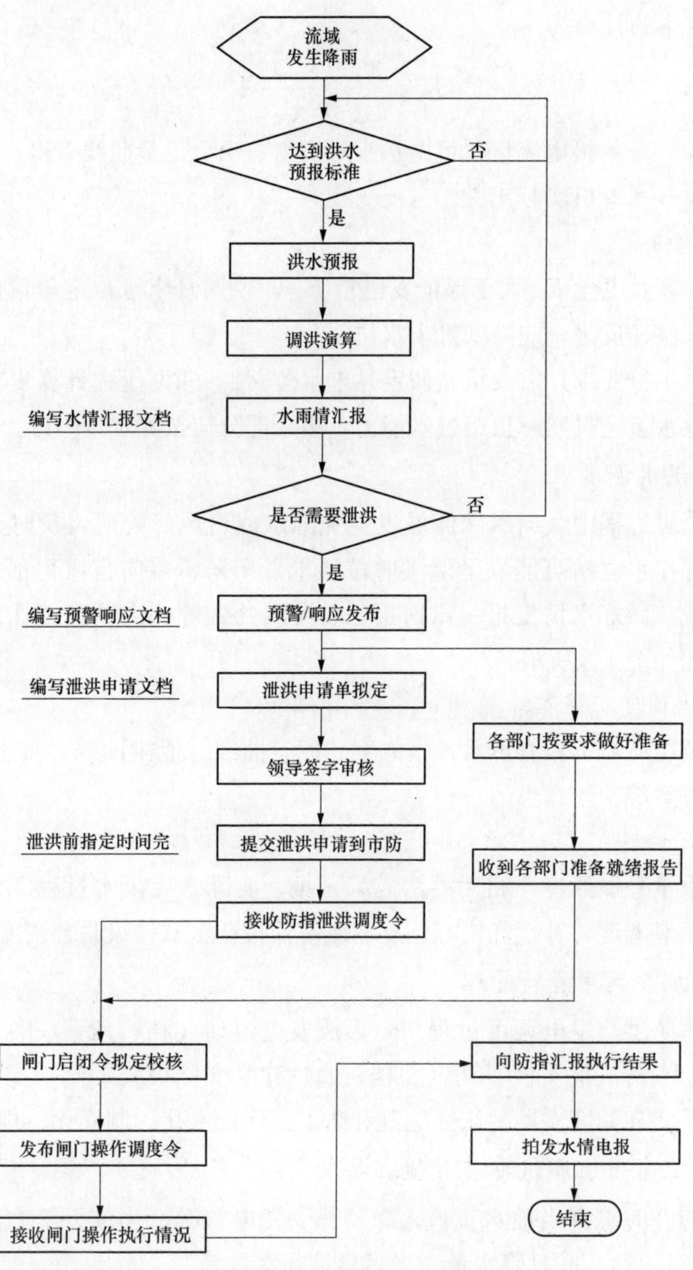

图 1-3　水电站洪水调度流程

月平均降水量等参数。

（4）了解当前水情自动测报系统各设备运行情况，是否有漏报、停报现象，电压是否正常，发现问题及时处理，不能处理的向系统管理员报告。

（5）了解水库调度自动化系统运行情况，数据采集、计算、传输是否正常，实时、小时、日水量平衡计算是否正常，3 区 Web 数据显示是否正常等。

（八）设备日常巡查及定期检查

水库调度日常巡查是确保设备正常运行的重要保障，通过系统平台自动告警和人工定时巡查相结合方式完成。系统平台具备数据越限、缺数、设备故障以及网络和进程状态异常等告警，通常以屏幕显示、语音等方式输出报警事件。

人工定时巡查以一个值班班次为巡查周期，对中心站机房设备、服务器状态、水情遥测站来报、系统数据上传等内容进行检查。系统设备巡查内容及判定标准见表 1-5。

表 1-5　系统设备巡查内容及判定标准

序号	巡查方法	巡查项目	检查内容	故障判定标准
1	平台报表	测站电压及实时水雨情信息	测站蓄电池电压及来报时间，实时数据及来报时间检查	1. 蓄电池电压<12V 需关注，<11.5V 需要尽快更换蓄电池； 2. 实时数据来报间隔应小于 6h，来报间隔超过 12h 应及时处理； 3. 坝上坝下水位来报间隔应小于 1h
2		水情自动测报系统畅通率	系统逐日来报次数	各测站来报次数应大于 4 次，小于 4 次要检查原因
3		洪水及预报	小时降水量、水位、入库、发电、泄洪、出库流量，预报流量检查	1. 小时水位、入库流量、预报流量无数据时，应检查原因； 2. 机组发电时有发电流量和出库流量，测站降水时有面雨量
4		发电量对比	表计电量、出力电量、电能量电量检查	1. 表计电量、出力电量、电能量电量差值应小于 5 万 kW·h； 2. 表计电量与电能量电量应不一样
5		洪水预报	定时洪水预报检查	应正常显示当前时段开始的 72h 预报流量
6		人工遥测水位对比	人工与遥测水位检查	1. 人工与遥测水位相关 0.05m 进行判断； 2. 当差值大于 0.05m 时，以“?”提示，应及时检查修正
7		水量平衡数据	检查小时、日水量平衡计算结果	耗水率和实际出力在合理范围，入库流量应大于 0

续表

序号	巡查方法	巡查项目	检查内容	故障判定标准
8	平台网页	上传省调数据	上传省调通道及数据检查	1. 连接状态无异常； 2. 传送数据最新时间不超过 10min
9	平台网页	电能量数据	电能量系统接收数据检查	1. 连接 ERTU 系统服务器无失败提示； 2. 采集数据写库时间间隔（write data）小于当前时间 10min 内
10	平台网页	机组监控数据	机组监控系统接收数据检查	1. 连接状态应显示 Channel open success，连接正常； 2. 日志查看，最新时间应小于当前时间 10min 内
11	平台网页	能源局数据	上传能源局通道及数据检查	1. 网络连接状态为连接正常； 2. 运行信息，最新时间应小于当前时间 10min 内
12	程序巡查	实时运行状态	实时、小时、日数据及来报间隔，低电压、省调传送告警	缺数漏数提示，多系统数据水位雨对比，数据库数据查询

三、水库调度常用规范制度手册

大中型水电站水库调度常用规范制度手册的内容包括：①大中型水电站年度水库控制运用计划；②水库安全应急预案及操作手册；③电站泄洪管理通知；④水情报汛工作通知；⑤水库调度规程及工作标准；⑥大中型水电站水库调度规范；⑦水文情报预报规范；⑧水电工程水利计算规范；⑨水利水电工程设计洪水计算规范；⑩水文自动测报系统技术规范；⑪已成防洪工程经济效益分析计算及评价规范；⑫水库洪水调度考评规定；⑬水利水电工程等级划分及洪水标准。

思 考 题

1. 水电站及其水库运行调度的总任务、基本原则及主要工作内容是什么？
2. 水电站运行与水库调度是如何分类的？分别包括哪些？
3. 简述水库防洪调度的任务、原则及主要内容。
4. 水库的调洪参数有哪些？影响调洪参数大小的主要因素是什么？

5. 水库调度运用的主要参数、指标及基本资料有哪些？
6. 水电站发电及兴利调度的任务、原则和内容是什么？
7. 水电站发电计划有哪些分类？
8. 简述水库调度日常值班内容。
9. 简述水库调试设备日常巡查内容及故障判定标准。

第二章

水情自动测报系统

水情自动测报系统是一种先进的水文、气象参数实时接收处理系统，它是涉及水文、通信、计算机及网络技术的复杂系统工程，是综合运用计算机、通信、遥感、水文、气象等多学科技术，完成对江河、水库和流域的降雨量、水位、流量、土壤蒸发、机组发电、闸门启闭等水情信息的实时采集、传输、处理、存储管理、水文预报。水情自动测报系统通常以水文预报为目的，通过该系统能够实时、准确地采集到各遥测站点的水情信息，及时、快捷地将各种水情数据传输到水库调度自动化系统服务器，供其进行各种水务计算处理。借助多媒体手段，制成各种动态画面，使整个流域的水、汛情信息动态、实时、一目了然地处于调度决策人员掌握之中，为流域的防洪、航运、发电等联合调度提供可靠依据，最终为整个电网的综合自动化服务。

水情自动测报系统主要由水文传感器、数据采集终端（RTU）、数据传输信道、通信设备、应用软件、数据处理计算机和供电电源等构成。若以信息传输方式来区分，可分为有线传输（ISDN）、微波、公用电话线（PSTN）、短波、超短波（UHF/VHF）、卫星（INMARSTA-C，VSAT）和移动短信（GSM、CDMA、GPRS）等方式。若以其所处位置不同来区分，系统又可分为遥测站、空间站、中继站（地面站、网管中心）和中心站。GPRS 水情自动测报系统组网如图 2-1 所示。

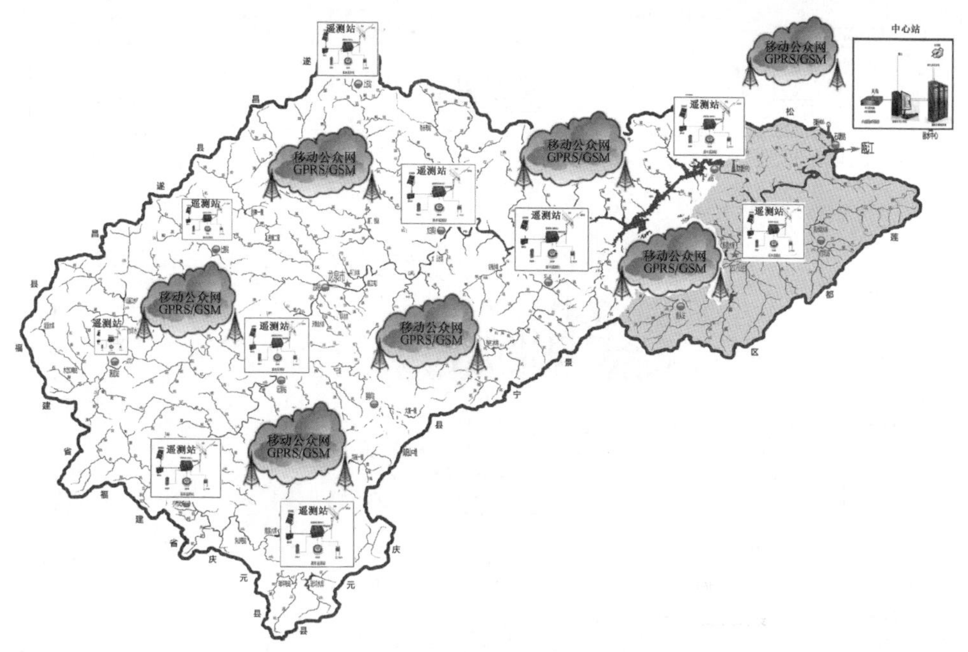

图 2-1　GPRS 水情自动测报系统组网

第一节　GPRS 水情自动测报系统

GPRS 水情自动测报系统采用公众移动网通用分组无线业务数据传输方式通信，为用户提供移动分组的 IP 连接，实现点到点、点到多点服务。系统主要由遥测站（数据采集，发送设备）、传输网络（移动公网）、水情中心（数据接收解调设备、实时数据接收服务器及用户控制操作界面）三部分组成。

一、遥测站

（一）工作原理

传感器采集到数据后，根据遥测站工作体制（定时自报和定量加报方式），通过移动公网 GPRS 信道以 UDP 或 TCP 数据包形式发送，或用 GSM 信道以短信数据包形式发送到水情中心。

（二）设备组成

遥测站由数据采集器、雨量传感器、水位传感器、各类适配器、GPRS 通信机及电源系统（太阳能电池板、充电器与阀控铅酸蓄电池）等组成，如图 2-2 所示。

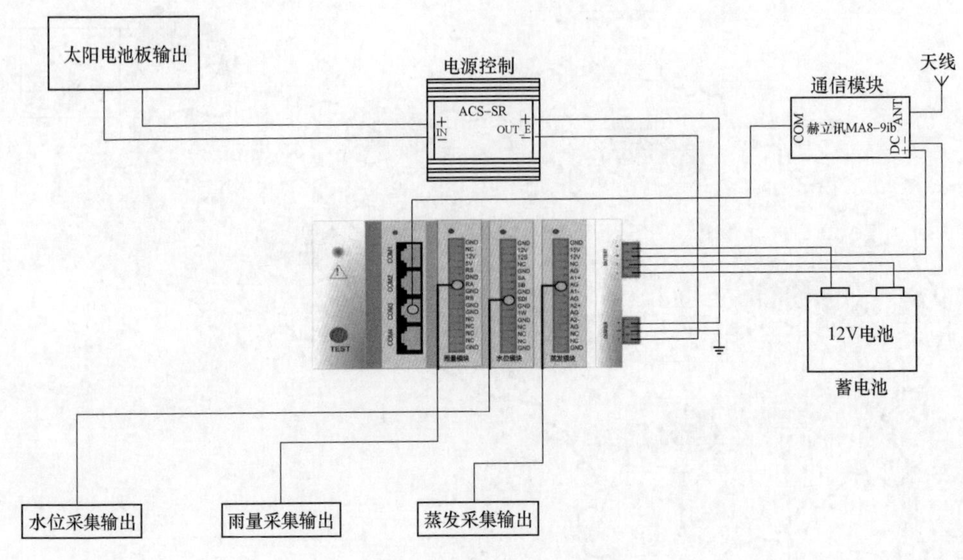

图 2-2　遥测站设备组成

1. 雨量传感器

(1) 工作原理。雨量传感器利用干簧管吸合一通一断的电平变化来记录雨量变化，其组成如图 2-3 所示。雨量传感器通常为双触点转换输出型雨量传感器，常态时干簧管一只吸合，一只断开，当雨量斗反转时，两只干簧管状态变成一只断开，一只吸合。雨量传感器将信息传输给雨量模块后，通过移动公网

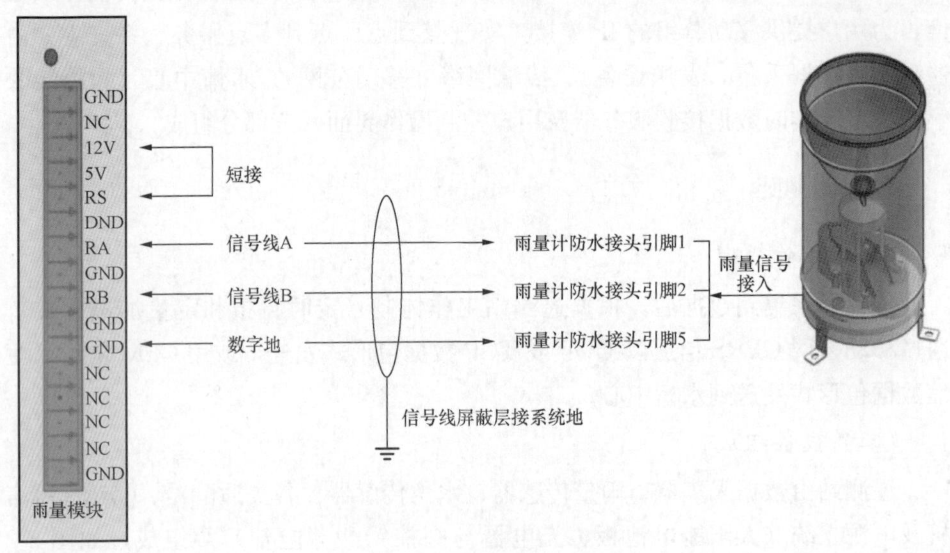

图 2-3　雨量传感器组成

GPRS 信道以 UDP 或 TCP 数据包形式发送，或用 GSM 信道以短信数据包形式发送出去。

（2）参数设置。雨量传感器分辨率为 0.5 或 1.0mm；自报方式采用超阈值报，阈值为 0.5mm 或 1.0mm（即每降雨 0.5mm 或 1.0mm 就自报一次）。雨量传感器信号接到雨量输入模块，其参数设置如图 2-4 所示。

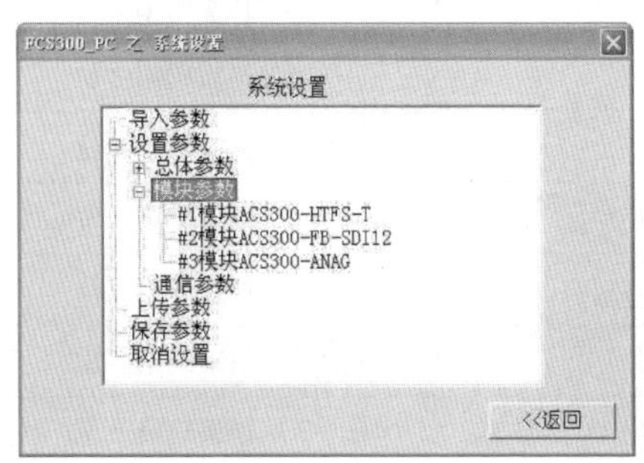

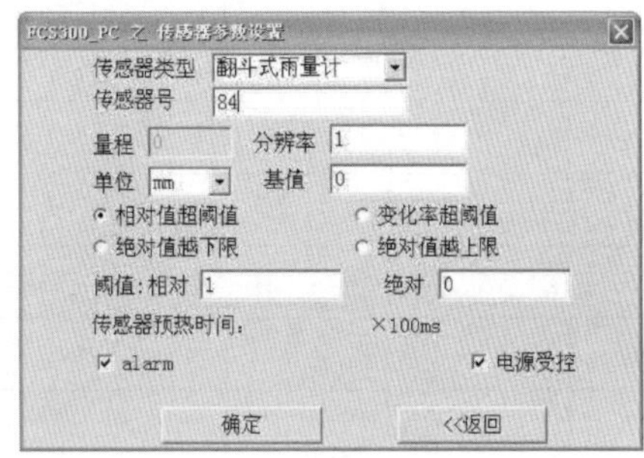

图 2-4　雨量传感器参数设置

2. 水位传感器

（1）工作原理。水位传感器输出为 12 位格雷码并行输出，输出为 TTL 电平，由于 TTL 并行电平信号不利于长线传输，接入通用适配器将 12 位并行信号转换成 SDI-12 信号进行传输到水位模块后，通过移动公网 GPRS 信道以 UDP 或 TCP 数据包形式发送，或用 GSM 信道以短信数据包形式发送出去。水位传感器组成如图 2-5 所示。

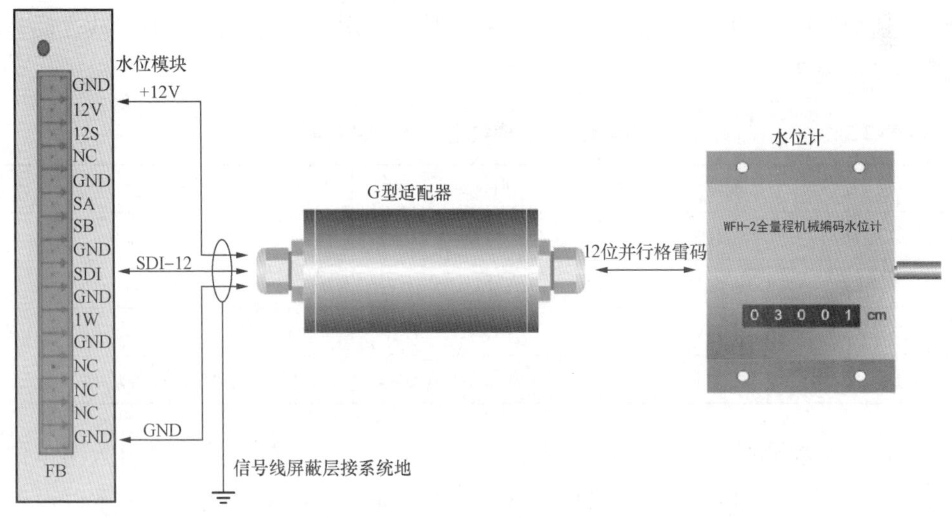

图 2-5　水位传感器组成

WHF-2 型水位传感器信号输出使用 19 芯航空接头，航空接头与适配器连线定义见表 2-1。

表 2-1　　航空接头与适配器连线定义表

序号	G 型适配器端子号	WHF-2 水位传感器航空头引脚号	信号定义
1	CN2-2	1	格雷码第 1 位
2	CN2-3	2	格雷码第 2 位
3	CN2-4	3	格雷码第 3 位
4	CN2-5	4	格雷码第 4 位
5	CN3-1	5	格雷码第 5 位
6	CN3-2	6	格雷码第 6 位
7	CN3-3	7	格雷码第 7 位
8	CN3-4	8	格雷码第 8 位
9	CN3-5	9	格雷码第 9 位
10	CN3-6	10	格雷码第 10 位
11	CN3-7	11	格雷码第 11 位
12	CN3-8	12	格雷码第 12 位
13	CN2-1	19	GND
14	CN2-1		接线缆外屏蔽层

适配器通过 SDI-12 总线接入数据采集器 FB 模块。适配器与 FB 模块之间连线定义见表 2-2。

表 2-2　　适配器与 FB 模块之间连线定义表

序号	G 型适配器端子号	FB 模块	信号定义
1	CN1-2(＋)	12V	＋12V 电源
2	CN1-6(V)	SDI	SDI-12 数据
3	CN1-7(G)	GND	GND
4	CN1-1(E)	机箱公共接地端	接信号线缆外屏蔽层

（2）参数设置。水位传感器最小分辨率为 1.0cm。从适配器输出数据单位为 cm，数据采集器将单位转换成米（m）传输时，需要将采集的数据乘以设置的分辨率 0.01。自报方式采用超阈值报，阈值为 0.01m（即水位每变化 0.01m

就自报一次水位数据）。水位传感器信号通过适配器接入到水位模块，其参数设置如图 2-6 所示。

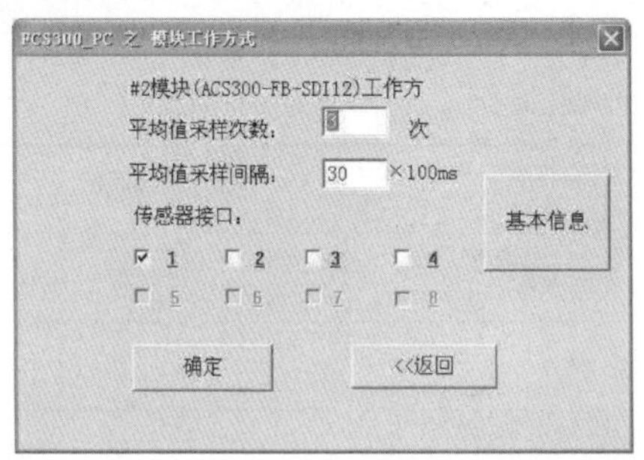

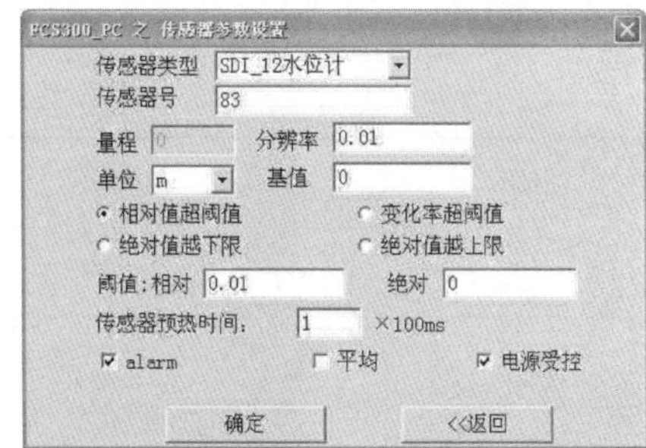

图 2-6　水位传感器参数设置

3. 蒸发传感器

（1）工作原理。蒸发器根据超声波测距原理，对标准蒸发皿内水面高度变化进行检测，转换成 4～20mA 电信号输出，由模块完成电信号至数字信号的转换后，通过移动公网 GPRS 信道以 UDP 或 TCP 数据包形式发送，或用 GSM 信道以短信数据包形式发送出去。由于超声波蒸发器的工作功耗比较大（约 180mA），遥测站对蒸发传感器采用受控电源给蒸发器供电。蒸发器传感器组成如图 2-7 所示。

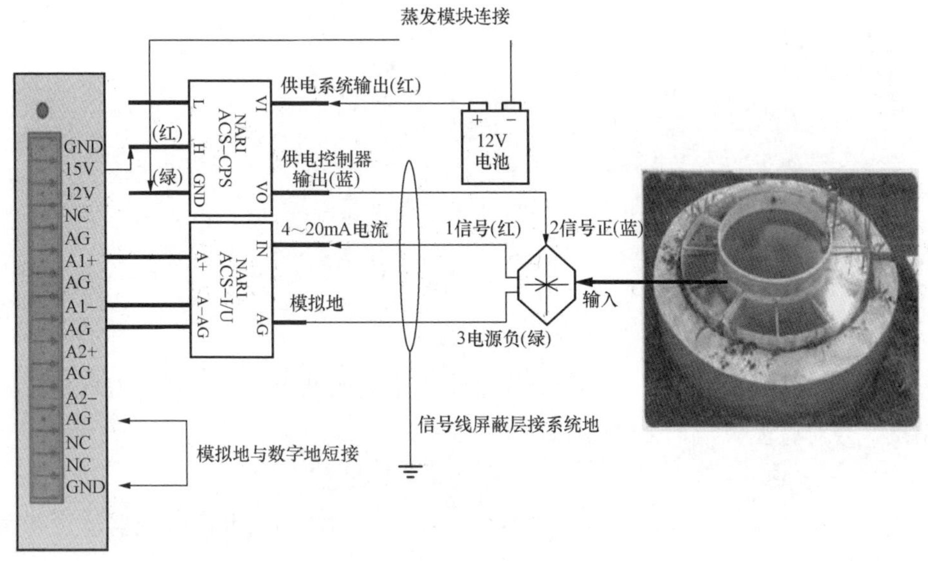

图 2-7　蒸发器传感器组成

蒸发传感器输出数据的规律为当蒸发皿水位越高其输出值越小，最小为0mm；当蒸发皿水位越低其输出值越大，最大为100mm，蒸发传感器接线定义见表2-3。

表2-3　　蒸发传感器接线定义

引脚	定义	线色
1	信号输出（4～20mA）	红
2	电源正（受控12V）	蓝
3	电源负（GND）	绿

（2）参数设置。蒸发传感器信号输出为4～20mA电流信号。模块将电流信号转换成毫米（mm）为单位的水位信号，从电流信号到水位信号转换过程中，需要设置该传感器的水位测量范围100、单位mm、基值－25和预热时间50×100ms（5s）。自报方式采用超阈值报，阈值为1mm（即蒸发皿水位每变化1mm就自报一次）等相关参数，蒸发传感器参数设置如图2-8所示。

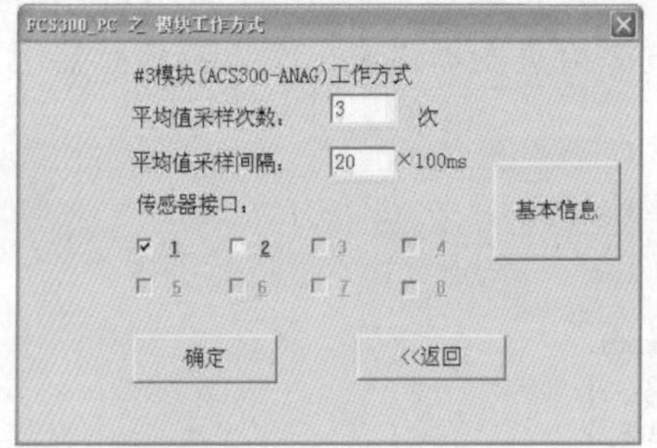

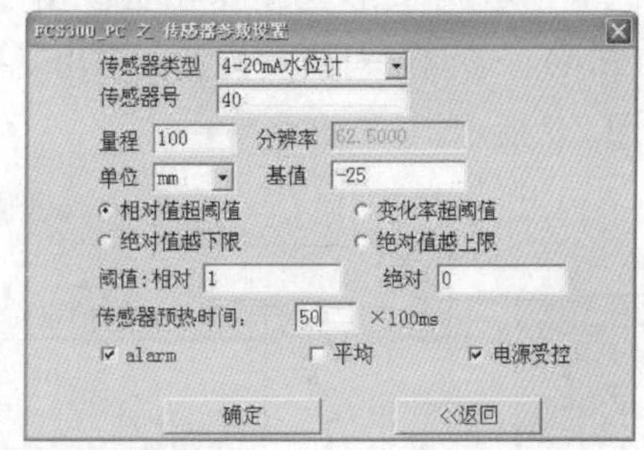

图2-8　蒸发传感器参数设置

（三）遥测站总体参数设置

1. 站号设置

遥测站站号是用于区分自动测报系统内不同的站点，各遥测站需根据组网站点、号对应表规定，设定相应的站号。

2. 定时报告

（1）无条件自报间隔。可设置自报间隔时间，遥测站发回传感器值及相关工况信息，定时报送参数设置如图2-9所示。

（2）条件自报间隔。对于被动式传感器，如细井式水位传感器、蒸发传感

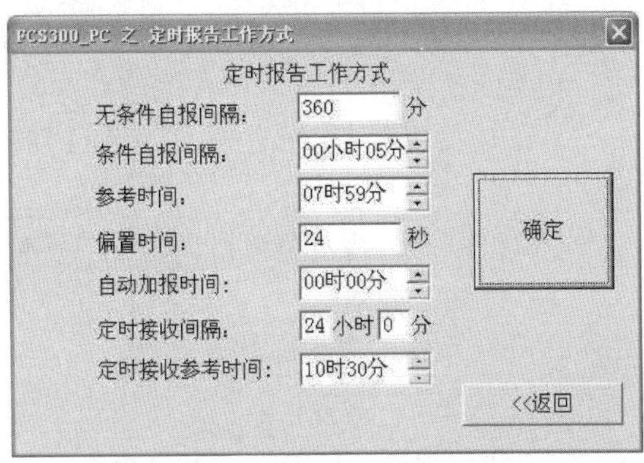

图 2-9 定时报送参数设置

器，其允许的最高发送频率为 5min/次，条件触发类传感器不受此限制，如雨量传感器。

（3）参考时间。为保证系统能够在每天早 8:00 之前，收集所有遥测站的数据与信息。遥测站设置为 07：59:00 开始向前推移采集与发数时间，每站推移时间请参考偏置时间。

（4）偏置时间。为了保证遥测站发送数据能够被中心站正常接收，而不发生数据碰撞，就需要正确设置偏置时间。

3. 测量方式

对于被动式传感器，如细井式水位传感器、蒸发传感器，其允许的最高测量频率为 5min/次，测量方式设置如图 2-10 所示。

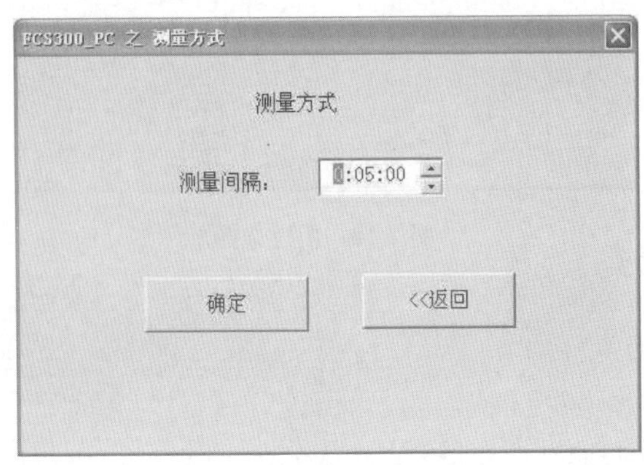

图 2-10 测量方式设置

4. 通信参数

遥测站通信模块 GPRS DTU 进行 GPRS 数据通信，需要对接有 GPRS DTU 的 COM3 口进行相关设置。

（1）串口设置。COM3 串口速率 9600bit/s，如图 2-11 所示。

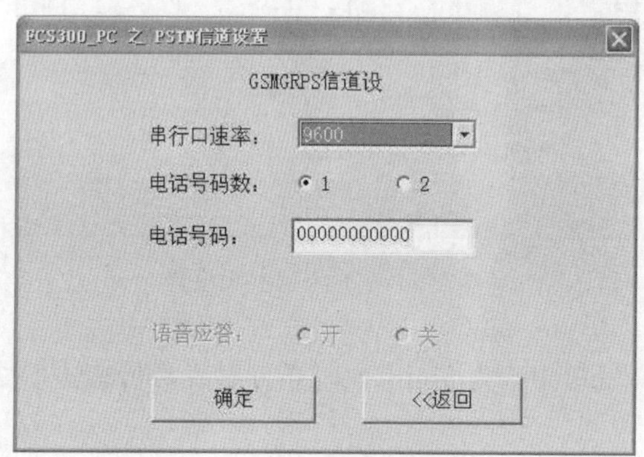

图 2-11　串口设置

（2）信道设置。选择信道 GMSGPRS，如图 2-12 所示。

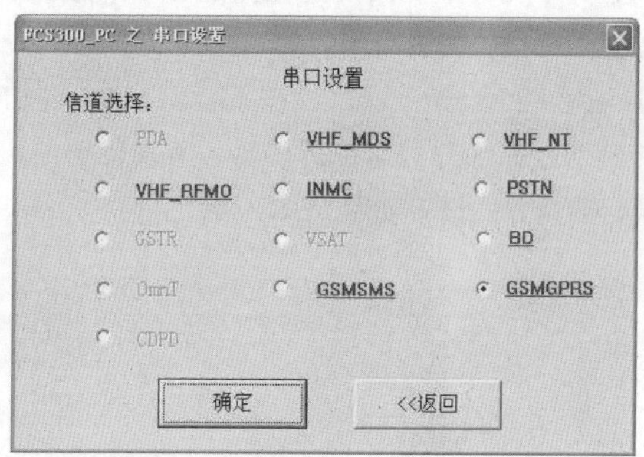

图 2-12　信道选择

二、中心站

（一）工作原理

中心站数据接收服务器通过 GPRS MODEM 连接到移动公众网 GPRS 虚拟专网，GPRS 接收通信模块和 SMS 接收通信模块接收到遥测站水位、雨量、蒸发、蓄电池电压、温度等信息时，传输到服务器接收平台进行解码处理，将解码后数据存入数据库。

（二）设备组成

中心站设备由数据接收计算机、服务器（数据库）、GPRS 通信模块、SMS 通信模块及模块 UPS 不间断电源等组成，如图 2-13 所示。

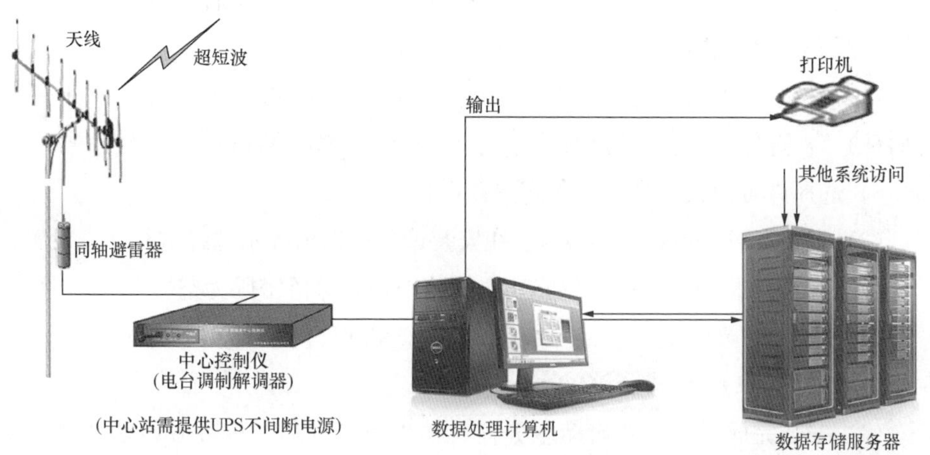

图 2-13　中心站设备组成

（三）中心站数据库服务器安装

中心站数据库服务器安装包括三个内容：①服务器操作系统安装；②服务器 SQL 数据库管理软件安装；③紧水滩水情水库调度自动化系统安装。

1. 服务器操作系统安装

中心站服务器上需安装 Microsoft Windows 2000 或 2003 的 Serve 版操作系统，根据安装导向提示进行选择安装。

注意：Windows 2000 Server 需安装相应版本 Server Pack 4，Windows 2003 Server 需安装相应版本 Server Pack 1，为了系统安全，请定期安装 Microsoft 提供的系统安全升级包和病毒防火墙。

2. SQL Server 2000 数据库管理软件安装

（1）插入 SQL Server 2000 安装光盘，选择“安装 SQL Server 2000 简体中文标准版/安装 SQL Server2000 组件/安装数据库服务器”。

（2）进入安装向导后，根据提示选择进行如下设置。

1）计算机名。选择“本地计算机”。

2）安装选择。选择“创建新的 SQL Server 实例，或安装客户端工具”。

3）安装定义。选择“服务器和客户端工具”。

4）实例名。选择“默认”。

5）安装类型。选择“典型安装”。

6）服务账户。选择“对每个服务使用同一账户。自动启动 SQL Server 服务”，“服务设置”选择“使用本地系统账户”。

7）身份验证模式。选择“混合模式（Windows 身份验证和 SQL Server 身份验证）”，选择“空密码”。在系统安装完成后可修改 Windows 系统密码。

8）选择许可模式。选择“每客户 5 设备”。

(3) 安装 SQL Service Pack 4。在安装过程中根据提示选择进行如下设置。

1）SA 密码警告。选择“忽略安全威胁警告，保留密码为空”。

2）SQL Server 2000 Service pack 4 安装程序。选择“升级 Microsoft Serarch 并应用 SQL Server 2000 SP4（必须）”。

(4) 安装完成后，重新启动服务器。在重新启动后，Windows 界面右下方有“SQL Server 2000 正在运行”的绿色标志。

3. ODBC 安装配置

(1) 在“控制面板/管理工具/数据源（ODBC）”，进入“ODBC 数据源管理器”。

(2) 选择“系统 DSN”，“添加…”。

(3) 在“创建新数据源”中选择 SQL Server，单击“完成”。

(4) 在“创建到 SQL Server 的新数据源”中，“名称”输入“数据库名称”，“服务器”输入 local 或者输入相应的服务器 IP 地址，单击“下一步”。

(5) 选择“使用用户输入登录 ID 和密码的 SQL Server 验证”，在“连接 SQL Server 以获得其他配置选项的默认设置”中，登录 ID 为“数据库名称”，密码为“平台开发提供”，如图 2-14 所示。

(6) 在“创建到 SQL Server 的新数据源”中，选中“更改默认的数据库为”，更改为“wds”，单击“下一步”。

(7) 在“SQL Server ODBC 数据源测试”中查看测试是否成功，出现如图 2-15 所示对话框，说明 ODBC 数据源安装完成。

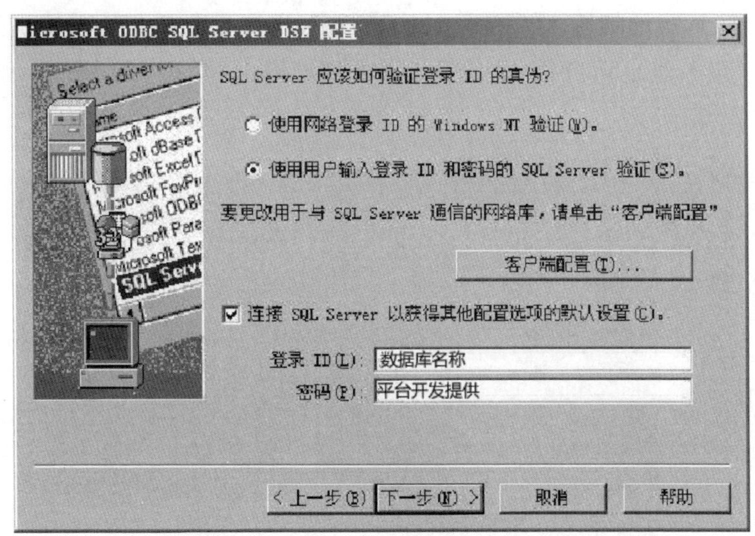

图 2-14　使用用户输入登录 ID 和密码的 SQL Server 验证

图 2-15　ODBC 数据源安装完成

4. 采集平台软件安装

(1) 将系统开发提供的软件复制到服务器 C 盘驱动器根目录下/（数据采集）。

（2）在 WINNT/system32 目录下的 regsvr32. exe 进行控件注册。

（3）服务器地址配置。在目录中，执行 dbsrv2000. exe，单击“设置/配置”。在“服务器地址 1”中输入服务器在局域网内的固定 IP 地址，如图 2-16 所示。

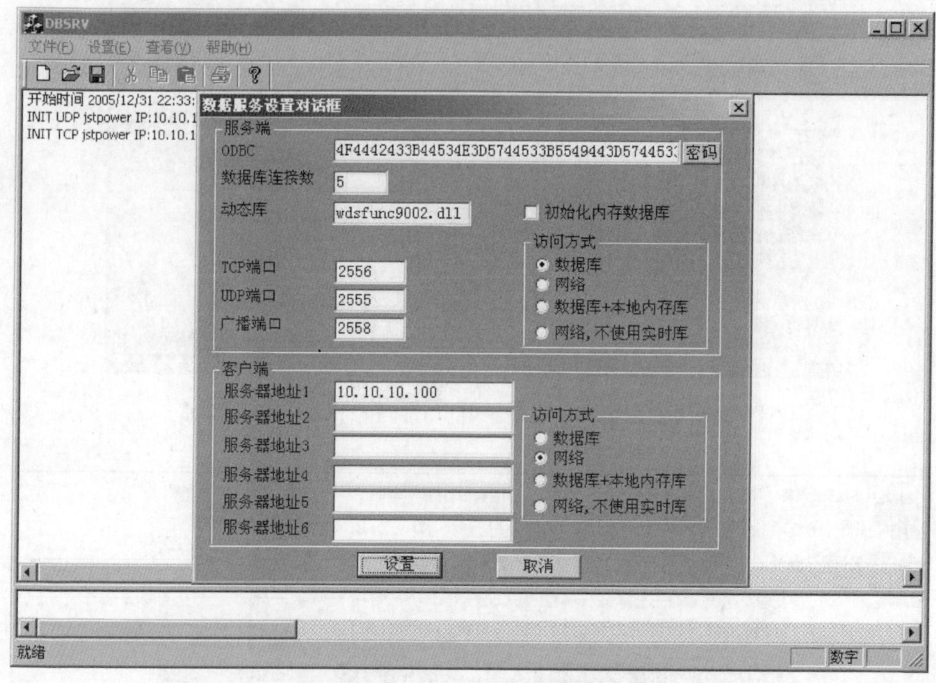

图 2-16　服务器地址配置

（4）遥测站通信采集平台的配置。在“数据采集/ACSCOMM”目录下，打开 ACSCOMM. ini，文件内容如下：

[MAINHOST]

MAINHOST＝.

[STATEDISPSET]

RTU＝

RTUINFOTYPE＝

RTULINENUM＝1000

在配置文件中，“MAINHOST＝”指向数据库服务器的 IP 地址。如果是本机，则使用“.”代替；如果本机仅为数据接收工作站，请将“MAINHOST＝”指向数据库服务器的 IP 地址。

（四）中心站服务器软件运行顺序

当服务器重新启动后，应按照如下步骤运行。

（1）给 GPRS 模块和 SMS 短消息模块上电，检查两个模块的网络状态灯是否正常，正常状态为频闪。

（2）查看 Windows2000 右下方的 Microsoft SQL Server 2000 是否工作正常，正常为“绿色”箭头标志。

（3）运行 C：\ 数据采集 \ dbsrv2000. exe（启动数据服务端）。

（4）运行 C：\ 数据采集 \ Gencalc. exe（启动数据处理程序）。

（5）运行 C：\ 数据采集 \ GencalcRT. exe（启动实时一数据处理程序）。

（6）运行 C：\ 数据采集 \ AlarmSvr. exe（启动报警服务端程序）。

（7）运行 C：\ 数据采集 \ AlarmClnt. exe（启动报警客户端程序）。一般客户端程序用于相关工作站上。

（8）运行“连接 GPRS”的拨号程序，确认无线 Modem 正常以 57. 6kbit/s 速率连接。

（9）运行 C：\ 数据采集 \ ACSCOMM \ ACSCOMM. exe，检查遥测站通信采集平台中“信道”选择项中 GPRS_WP(COM6）和 VHF(COM3）是否打开正常。

（10）查看信道 GPRS_WP(COM6）情况，水情 GPRS 自动测报系统中，遥测站端的无线 DTU 设置了每 10min 一次的“心跳包”，可以看到各个遥测站发送过来的“心跳包”。

（11）运行 C：\ 数据采集 \ mnrcsx. . exe，启动“水情 GPRS 测报系统用户界面一[主界面] ”。

三、通信设置

（一）遥测站

1. 遥测站端 GPRS DTU 设置准备

系统采用赫立讯 MA8-9ib 型 DTU，自动完成遥测站端对中心的 TCP/UDP 方式的数据传输。并可以在 GPRS 信道异常情况，通过短消息方式将数据发送到中心站的 GSM 短消息模块上。

赫立讯 MA8-9ib 型 DTU 配置包括：①DTU 模块 1 套；②DB9 设置线及串口转换器 1 套。

（1）设置软件安装。在 PC 机上安装设置软件，完成安装后，在系统 \ 程序中形成 WirelessPlus 目录，单击 MA8-2 ib2 UDP socket V3. 1 3IP 进入设置软件。

（2）DTU 信号线连接。将 9 芯串口线（两头均为 DB9 孔）与串口转换器连接后，一端接赫立讯 MA8-9ib 的 COM 口，另一端接计算机的串口。

（3）SIM 卡安装。将遥测站使用的绑定固定 IP 的 SIM 卡，插入模块的 SIM 卡夹中。

（4）DTU 电源线连接。将 12V 直流电源（蓄电池或稳压电源）接到赫立讯 MA8-9ib 的 DC IN。12V 正极接“+”，负极接“−”。注意：在接入之前请使用万用表直流电压挡测量确认。

2. 遥测站参数配置

运行设置软件，在菜单中打开某站对应的配置文件“配置表 . pqf”，如图 2-17 所示。

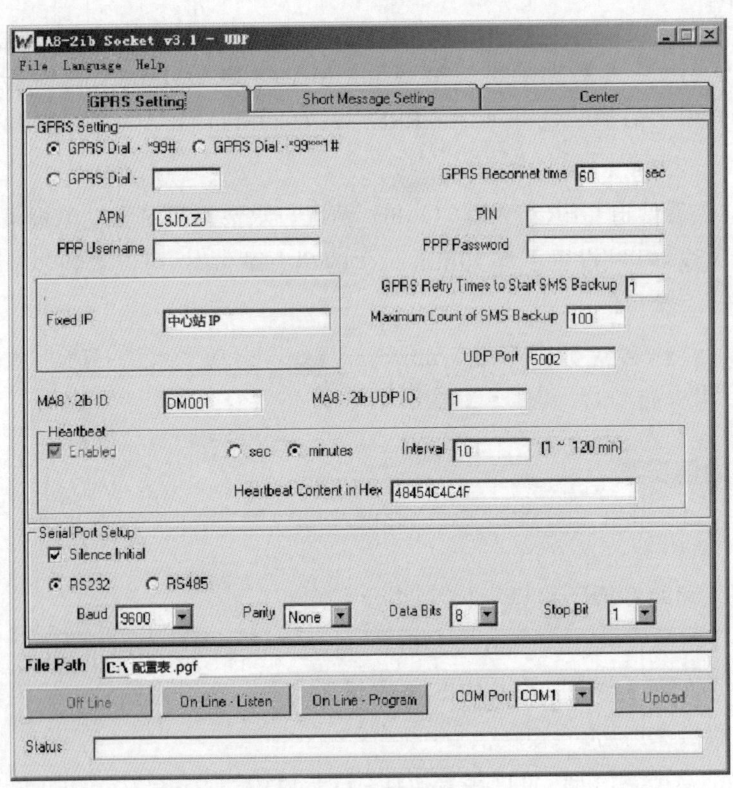

图 2-17　遥测站参数配置

MA8-9ib 设置软件主界面分为 3 栏，分别为 GPRS Setting（GRPS 设置）、Short Message Setting（短消息设置）及 Center（中心设置）。

（1）GPRS Setting（GRPS 设置）说明。

1）GPRS Dail（GPRS 拨号）。选择 *99#。

2）APN（接入点）。输入 LSJD. ZJ，此设置为某 GRPS 系统的专用接入点名。

3）Fixed IP（GPRS 数据接收 IP 地址）。此 IP 地址为某中心使用的手机 SIM 卡所绑定的固定 IP 号。在系统中只有该中心可通过 GPRS 业务的网络发送召测、修改参数等命令。在系统中此栏均设置为 IP。

4）UDP Port（UDP 端口）。输入 5002。UDP/IP 通信方式下的端口号。在系统中此栏均设置为 5002。

5）GRPS Retry Times to Start SMS Backup（GRPS 通信失败时重试次数）。输入 1。在系统中此栏均设置为 1 次。

6）Maximum Count Of SMS Backup（备份短消息最大长度）。输入 100。在系统中此栏均设置为 100。

7）M8-2ib ID（设备 ID 号）。输入 DM001，对应站中相应栏的内容。如某站对应内容为 DM002，则输入 DM002。

8）M8-2ib UDP ID（设备 UDP 号）。输入 1。此设置用当中心下发命令时，区分不同的遥测站点。对应站请参照相应栏的内容，如某站对应内容为 2，则输入 2。

9）HeartBeat（心跳包设置）。心跳包是用于确认系统 GPRS 通道是否可用的专门通信包。在系统中设置为每 10min 发送 1 个 5 字节的字串，通常为 48454C4C4F，对应的内容为 Hello。

（2）Short Message Setting（短消息设置）说明。短消息设置如图 2-18 所示。

1）SMS Backup Destination Phone Number（短消息备份目标电话号）。输入“中心站 SIM 卡号”，此号为中心短消息备份设置使用的 SIM 的号码。如果在系统中需要设置其他的短消息备份（如使用分中心短消息备份），则输入相应的 SIM 卡手机号码，然后单击 Add 按钮。号码将输入到下面的列表框中。

2）Allow SMS Inbound Phone Number（允许短消息进入号码）。输入“中心站 SIM 卡号”。此号码是允许通过短消息方式由中心下发命令。如果在系统中

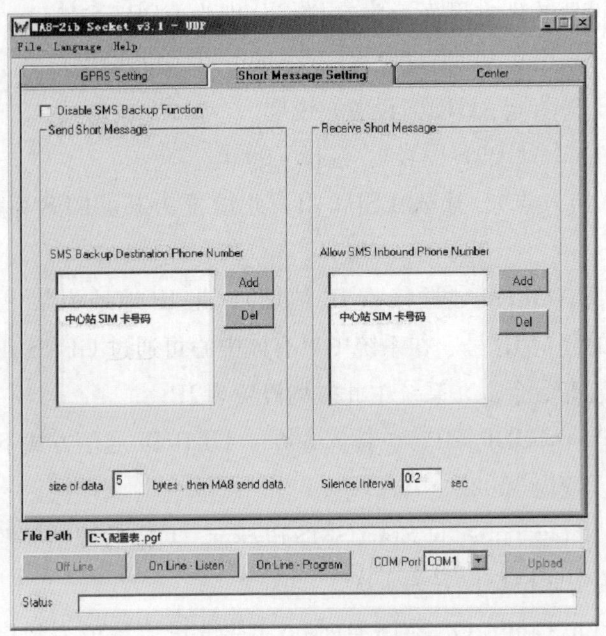

图 2-18　短消息设置

需要设置其他的短消息进入号码，则输入相应的 SIM 卡手机号码，然后单击 Add 按钮。号码将输入到下面的列表框中。

3）Size of data 5 bytes，then MA8 send data 和 Silence Interval 0.2 sec。此处按默认进行设置。

（3）Center（数据接收分中心设置）说明。数据接收分中心设置如图 2-19 所示。

此属性页用于设置分中心 IP 地址与端口号，可参照系统工程配置表中相应栏的内容。

1）Center2/Fixed IP。输入“分中心 IP”。

2）Center2/UDP Port。输入相应端口号，此处为 5002。

3）Center2/Fixed IP。输入“分中心 IP”。

4）Center2/UDP Port。输入相应端口号，此处为 5002。

3. 遥测站配置参数写入

将赫立讯 MA8-9ib 型 DTU 参数设置完成后，需要将参数写入 DTU 中。

（1）单击设置软件下方的“Online-Program”按钮，将弹出如图 2-20 所示的确认对话框，此时不要急着按“确定”。

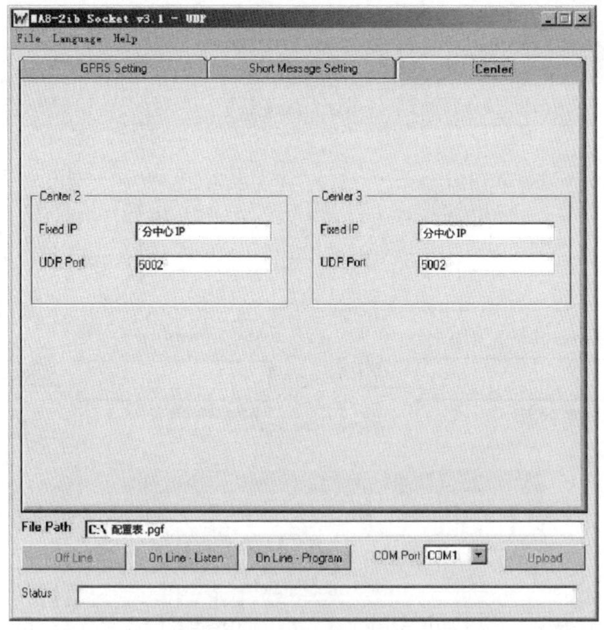

图 2-19 数据接收分中心设置

（2）拔掉赫立讯 MA8-9ib 的直流电源端子，等待 2～3s 后，再次插上直流电源端子，单击对话框上的“确定”按钮，然后单击右下方 Upload 按钮，将配置参数上传到 DTU 中。

（3）约 5s 后，软件最下面的 Status 状态中将显示 Upload Complete，表明参数上传成功，此时可将直流电源端子拔掉后供遥测站使用。

注：每台 GPRS DTU 单元都唯一的对应站名的配置文件，在遥测站更换 DTU 通信设备时，除了更换 SIM 卡，还要重新上传配置参数到 DTU。

（二）中心站

1. 中心站无线调制解调器设置

GPRS 系统中心站采用 GPRS 无线通信 Modem（以下简称无线 Modem）。无线 Modem 包括：①GPRS 无线通信 Modem 模块 1 个；②DB9 串口线（DB9 线接头为一针一孔）1 根。

（1）无线 Modem 设备连接。将 DB9 串口线的一端接无线 Modem 的 COM 口，另一端接服务器或数据接收计算机相应 COM 口。如在数据接收计算机 COM2 口上安装无线 Modem ，则选择 COM2。将中心或其他分中心的 SIM 插

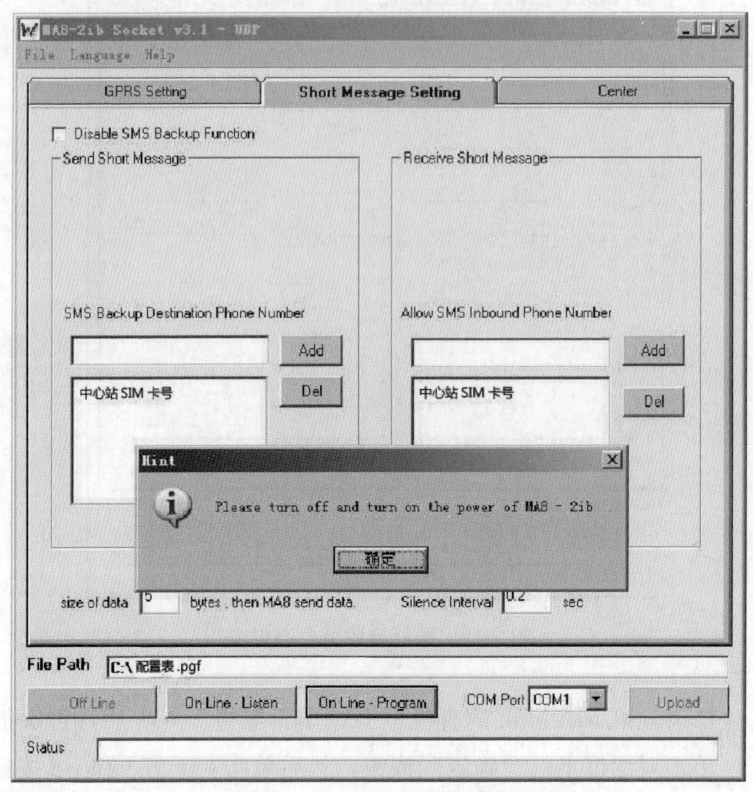

图 2-20 确认对话框

入无线 Modem 中，将 12V 直流电源正确连接后，接到无线 Modem 的电源插孔（电源插孔内＋外一，应使用万用表电压挡进行确认），此时无线 Modem 电源灯点亮。

（2）无线 Modem 初始化。用 Windows 内置的“超级终端”软件，对无线 Modem 进行设置。将其端口通信速率修改为 57 600bit/s，并保存此设置，具体步骤如下。

1）使用超级终端，将“连接时使用”设置成 COM1（COM1 为无线 Modem 连接到计算机串口的端口号）。

2）COM1 属性设置。数据位，8；奇偶校验，无；停止位，1；数据流控制，无；每秒位数，在无线 Modem 出厂时设置为 9600bit/s，需要将其设置成 57 600bit/s。

3）在超级终端中键入 AT 并回车，如果有返回 OK，则当前设置为 9600bit/s，如果无数据返回或显示不正确，则可能“每秒位数”不是 9600。此时应测试其他速率，如 38 400、57 600bit/s 等。

4）在超级终端中键入 AT+IPR=57 600 并回车，屏幕返回 OK。此时，无线 Modem 已经设置成 57 600bit/s，但是并没有保存，在掉电情况下设置仍然会丢失。

5）在无线 Modem 不掉电状态，重新建立“每秒位数”为 57 600 的连接。键入 AT 并回车，再键入 AT&W 并回车，57 600bit/s 的设置即得到保存。

6）在无线 Modem 掉电的情况下，测试配置是否保存。

（3）在操作系统上安装驱动程序。具体步骤如下。

1）在 windows2000 或 XP 的控制面板中，双击“电话与调制解调器”选项，开始添加一个新的调制解调器。在“调制解调器”选项中，单击“添加”按钮。

2）选择“不要检测我的调制解调器，我将从列表中选择”，然后单击下一步。

3）选择“标准 33 600bps 调制解调器”，如图 2-21 所示，然后单击“下一步”。

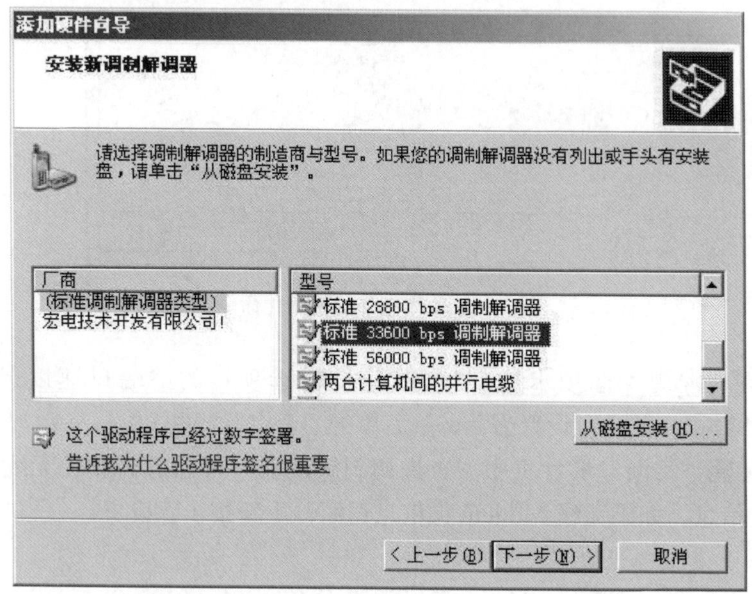

图 2-21　选择“标准 33 600bps 调制解调器”

4）等待约1min后，系统提示无线Modem安装完成（调制解调器安装完毕），此时系统中增加了一个传输速率为33 600bit/s的标准调制解调器，连接到COM1。

5）选中刚才添加的“标准33 600bps调制解调器”，单击“属性”按钮。在“标准33 600bps调制解调器属性”对话框中将“最大端口速度”设置为57 600；并在“高级”选项卡中，输入额外的初始化命令AT＋CGDCONT＝1，“IP”，“LSJD. ZJ”（此命令用于GPRS拨号时连接到中移动配置的中心站GPRS专网中，注意命令中的双引号与逗号要使用英文方式输入），之后单击“更改默认首选项”按钮，如图2-22所示。

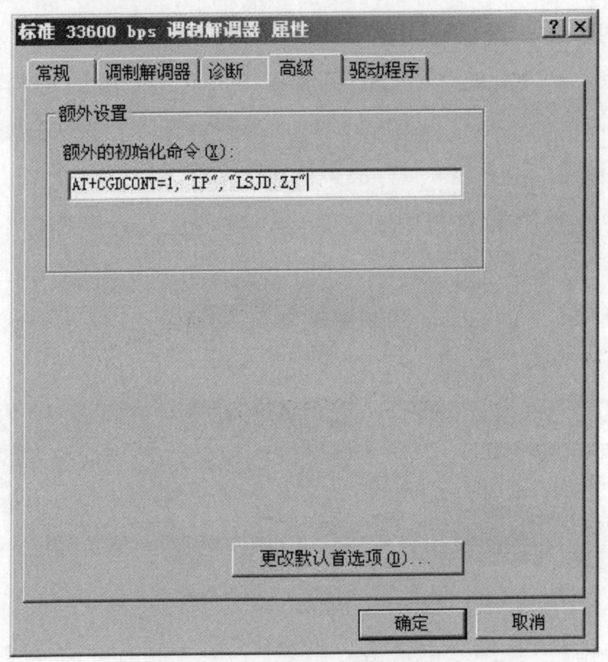

图2-22　输入额外的初始化命令

6）在“常规”选项卡中，“数据连接首选项”的“端口速度”设置为57 600，“数据流控制”设置为无，然后单击“确定”，如图2-23所示。

7）使用“诊断”属性页中“查询调制解调器”可以看到相关无线Modem的软硬件信息。如果无线Modem无信息返回，重新按步骤设置。

2. 拨号连接的设置

（1）在安装完成无线Modem后，需要在Windows 2000 Server上增加一个拨号连接。

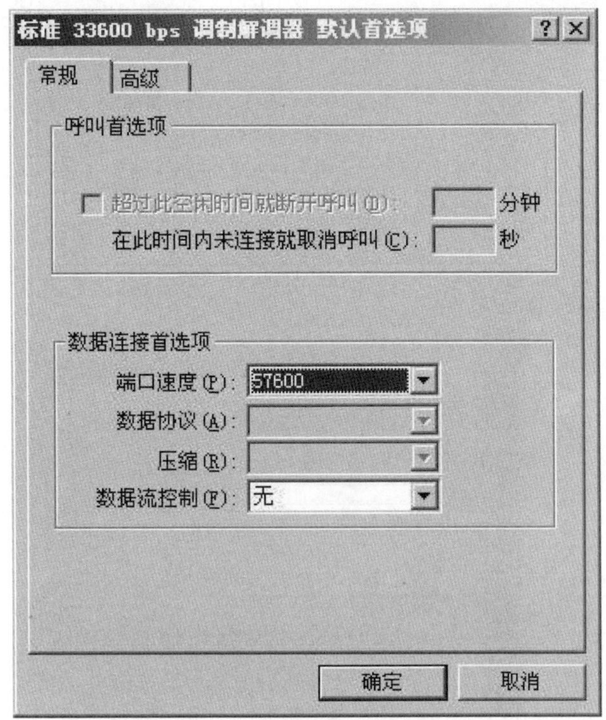

图 2-23 设置数据连接首选项

（2）在“开始”菜单中选择“设置/网络连接/新建连接向导”，按照创建普通拨号连接的方式，建立 Internet 连接。“手动设置连接/用拨号调制解调器连接”，选择前面安装的“标准 33 600bps 调制解调器（COM1）”，ISP 名称为“GPRS”，电话号码为＊99＊＊＊1＃，用户名/密码均为空，最后完成新建的连接向导。

（3）双击桌面的“连接 GPRS”，将弹出如图 2-24 所示的对话框，单击“属性”按钮，进入拨号属性设置。

（4）在属性设置中，选择“常规”选项卡，单击“配置”按钮，打开如图 2-25 所示的“调制解调器配置”对话框，将最高速度设置为 57 600，并去掉“硬件功能”中的所有选择。

（5）在“选项”属性页中将“重拨次数”设置成最大值，如 9999，“重拨间隔”设置为 30s，“挂断前的空闲时间”选择“从不”，并选中“断线重拨”。然后单击“确定”按钮。也可以使用宏电提供的“无线快车”自动拨号软件，设置重拨次数为无限次。

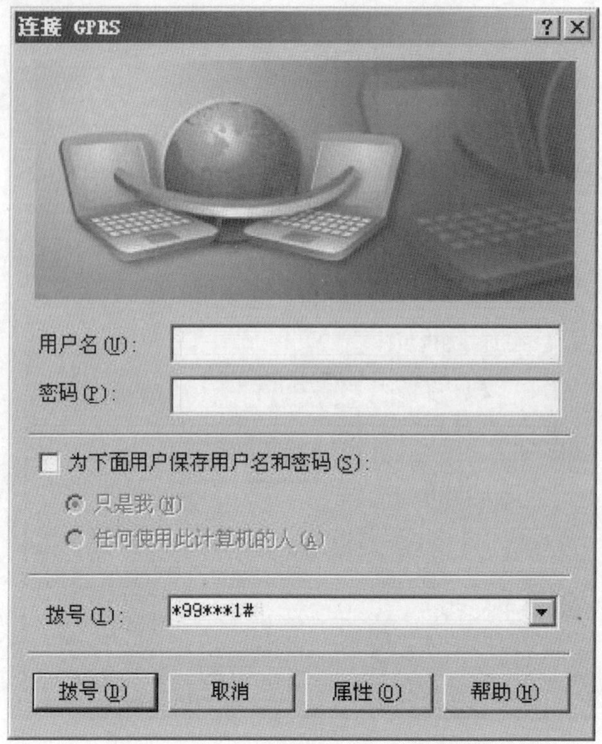

图 2-24 “连接 GPRS” 对话框

(6) 在进行拨号时，请确认拨号的“用户名”和“密码”均为空。单击“拨号”按钮，完成 GPRS 拨号。连接后将在 Windows 桌面的右下方提示 GPRS 连接状态。

3. GSM 短消息模块设置

GSM 短消息模块具有自动完成中心站短消息的接收功能，包括：①GSM 短消息模块 1 套；②DB9 设置线及串口转换器 1 套；③设置软件光盘 1 张。

(1) 设置软件安装。在 PC 机上安装设置软件，完成安装后，在系统/程序中形成 WirelessPlus 目录，单击“设置软件”，进入设置软件。

(2) DTU 信号线连接。将 9 芯串口线（两头均为 DB9 孔）与串口转换器连接后，一端接 GSM 短消息模块的 COM 口，另一端接计算机的串口。

(3) SIM 卡安装。将中心、分中心的短消息接收用 SIM 卡插入到模块的 SIM 卡夹中。

(4) 短消息模块电源线连接。将 12V 直流电源（蓄电池或稳压电源）接到 GSM 短消息模块的 DC IN。12V 正极接“+”，负极接“−”。注意：在接入之

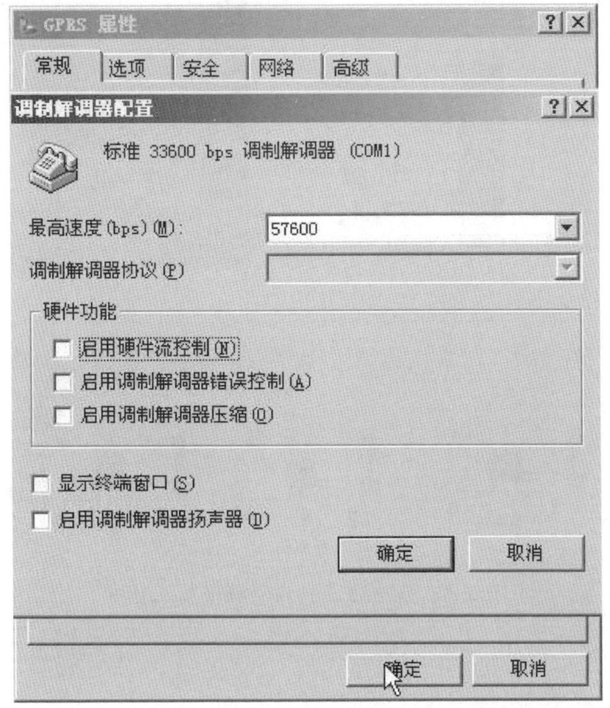

图 2-25 “调制解调器配置”对话框

前请使用万用表电压挡测量确认。

(5) 配置参数写入。进入设置软件，按照 GSM 短消息模块配置参数写入的方法将参数写入，将 GSM 短消息模块接入到数据接收计算机指定的 COM 口上。

第二节 超短波水情自动测报系统

超短波水情自动测报系统是综合运用计算机、超短波通信、水文遥感等多学科技术，完成对江河、水库和流域的降雨量、水位、流量、土壤蒸发、机组发电、闸门启闭等水情信息的实时采集、传输、处理、存储、应用等的信息系统。

超短波水情自动测报系统通常由多个遥测站点、中继站及中心站组成。可根据流域地形复杂程度，选择不同的组网方式（设置多级中继）。超短波水情自动测报系统组网如图 2-26 所示。

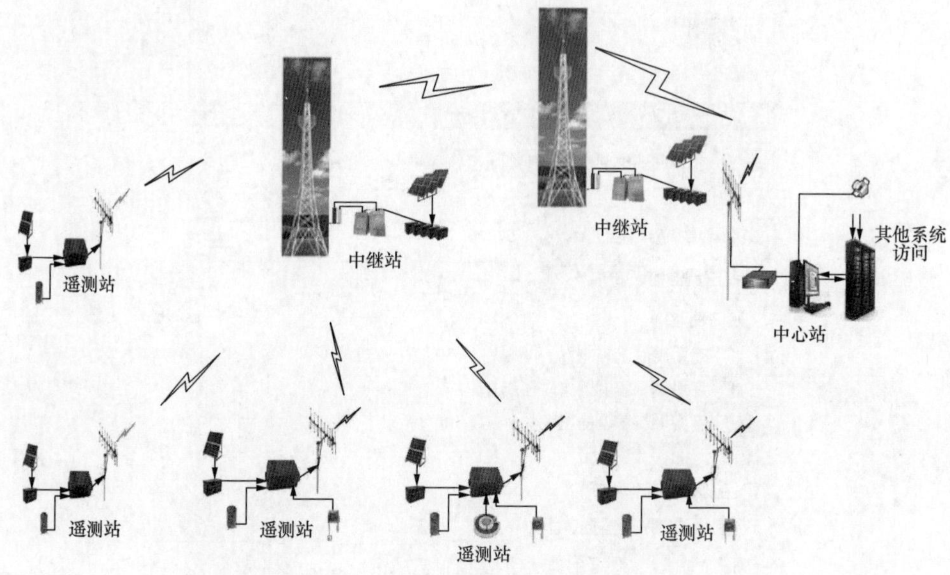

图 2-26 超短波水情自动测报系统组网

一、遥测站

遥测站是水文自动测报系统中最基本的单元，其任务是按设计要求，及时准确地将传感器的水文信息自动采集、编码、发送到中心站。遥测站通常由数据传输终端（控制板、发射机）、传感器（水位、雨量、蒸发等水文参数）、电源（太阳能板、蓄电池组）、天馈线（天线、馈线）、避雷器等组成。

水情遥测站设备组成如图 2-27 所示。

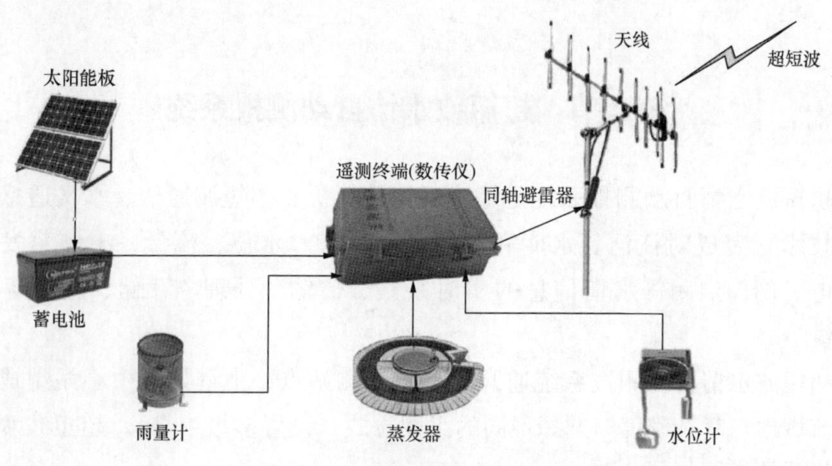

图 2-27 水情遥测站设备组成

（一）自报式遥测站

1. 工作原理

数传终端控制板平时处于掉电状态（省电模式），只有值守电路和CMOS单片机数据存储供电，当传感器发生一个计量单位变化时，或传感器参数未变，定时时间到，这个时候上电控制电路接通受控电源，单片机开始运行程序，依次采集站号、传感器参数，进行信道编码，按规定的数据格式通过发射机发送，完成后单片机给出一个关机掉电命令，通过受控电源，使数传部分回到掉电状态。

2. 工作特点

(1) 主动实时自报遥测站传感器参数。

(2) 自报式遥测站只配发射机，对应中心站配接收机，中继站可配单工电台，整个系统通信简单，设备造价降低。

(3) 系统可以扩展数话路兼容功能，但不适用多级中继系统。

(4) 自报式遥测站静态电流小，可以采用小瓦数太阳能板和蓄电池供电，造价降低。

(5) 单片机电路和发射机都是间隙工作方式。工作时间有限，因此遥测站的可靠性提高了。

(6) 自报式遥测站反映了水文参数变化全过程，中心站资料可以准确地反映站点降水起止时间、降水过程强度及水位变化过程，实时性强。

（二）应答式遥测站

1. 工作原理

应答式遥测站控制板上只有单片机上电工作，但接收到中心站召测本站地址码命令后，地址译码器输出一个正脉冲信号，控制板上电工作。程序开始运行，采集站号、传感器参数进行信道编码，并通过电台把数据发送出去，完毕后控制板使数传仪和电台回到守候状态，等待下一次命令。

2. 工作特点

(1) 人工控制性能好。中心站可以人为设定定时巡测时间，也可以随时选测任何一个站点或所有站点，为捕捉洪峰可以加密到5min巡测一遍。

(2) 应答式遥测站与中心站之间是双向信道的数据通信，除数传外，还可以兼顾通话功能。

(3) 应答式遥测站是逐个回答中心站的查询命令，数据不会发生碰撞，传输码元可长可短，可用抗干扰编码进行检错、纠错和反馈重发等差错控制方式，系统容量大可扩展。

（4）应答式遥测站由于接收机需常供电，测站功耗大，需要配置大瓦数的太阳能电源和大容量蓄电池组供电。

（5）应答式遥测站是被动接收命令发数，实时性较差。

（三）自报/应答兼容式遥测站

兼容式遥测站是自报与应答遥测站的混合体，它兼有自报和应答遥测站的主要优点和全部功能。

1. 工作原理

当传感器参数变化时，兼容式遥测站的工作流程和原理和自报式遥测站完全相同；当中心站召测时，兼容式遥测站的工作流程和原理和应答式遥测站完全相同。

2. 工作特点

（1）兼有自报和应答遥测站的全部功能，具有人工控制，随时对遥测站进行召测及巡检的优点。

（2）功能齐全，特别适合重要水文站和水库江河，实时性强，便于值班人员随时了解水情情况，人工置数功能为值班人员提供了数据传送设备。

（3）遥测站工作方式灵活，可以人工切换，为遥测站运行取得最佳的运行效果。

二、中继站

水情自动测报系统中继站是沟通远距离两地无线通信的接力装置，是遥测站与中心站的桥梁，中继站的可靠性是至关重要的。

由于超短波通信电波基本上以直线方式传播，绕射能力较差，传播距离短。因此，为了能使通信距离增大就必须选择适当的位置建立电波传播的接力站（中继站），中继站按功能，可分为模拟中继站和再生中继站。

（一）模拟中继站

模拟中继站将接收到遥测站的信息再转发，一般具有话路和数据的中继功能，有发射机超时发射时强迫关闭功能。

1. 工作原理

当接收机收到遥测站或中心站发来的信号时，高频信号经过高频放大、变频、中放和鉴频器等，调频波被还原为低频信号，送控制电路控制发射机工作，调制后的信号经过信频，功率放大后，由天线辐射出去，完成信号的转接。

2. 设备组成

水情中继站设备组成如图 2-28 所示。

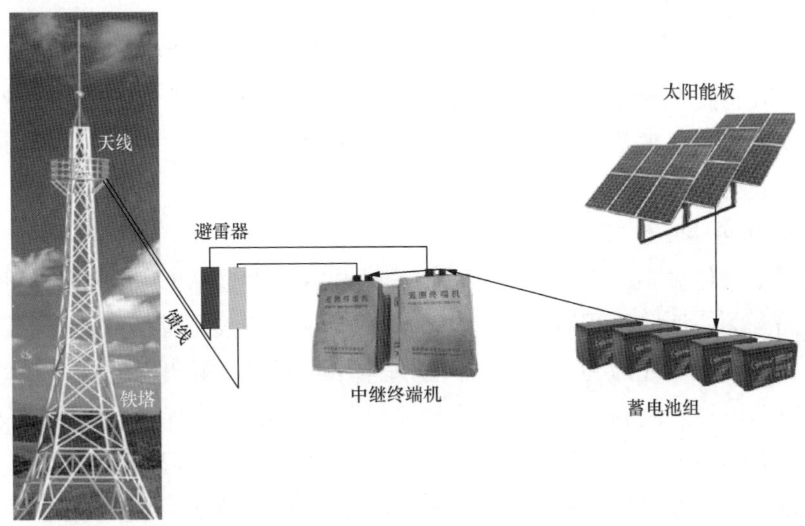

图 2-28 水情中继站设备组成

(1) 天线。定向天线或全向天线。

(2) 馈线。SYV 或 SDV 型低损耗馈线。

(3) 同轴避雷器。

(4) 中继站终端机。由电台、单片机、调制解调器、电源控制电路等组成，电台一般选用双工电台。

(5) 太阳能板或交流充电机。

(6) 蓄电池组。

(二) 再生中继站

1. 设备组成

再生中继站可分为码元再生中继和存储再生中继，其设备组成和模拟中继站大致相同，如下。

(1) 天线。定向天线或全向天线。

(2) 馈线。SYV 或 SDV 型低损耗馈线。

(3) 同轴避雷器。

(4) 再生终端机，由电台、单片机、电源控制电路等组成，电台可用单工或双工电台。

（5）太阳能板。

（6）蓄电池组。

2. 码元再生中继工作原理

当中继站接收机收到负载波数据信号，经过解调后还原为“0”和“1”的基带信号，再把基带信号送调制器调制，产生“0”和“1”的负载波，然后把负载波送到发射机调制。在接收机收到负载波信号的同时，通过控制电路把发射机打开发射。

3. 存储再生中继工作原理

（1）话路传输。当中心站要通过中继站与遥测站通话时，首先要打开发射机及话路开关，话路采用音频转接方式，由接收机接收语音信息，语音信息经过接收机的鉴频器还原为音频之后，通过电平处理及话路开关，把音频信息送到发送支路，经过调制、信频及功率放大后发送出去。

（2）数据传输。当接收机收到遥测站发来的信息后，由鉴频器还原出含有0和1信息的负载波，经过解调器还原为脉冲信号，此脉冲信号通过串行口送到微机进行存储、检错、编码后，再送到调制器调制，产生出代表0和1的负载波，在把负载波送到发射机调制，然后经过信频、功放后发往中心站。

（三）模拟/再生中继对比

1. 设备方面

一般情况下，模拟中继设备比再生中继简单。由于模拟中继站没有调制解调器、单片机等，只用了较简单的控制电路，因而电路相对简单。

2. 可靠性方面

因为模拟中继站设备、控制电路简单，可靠性比再生中继站稍高。

3. 噪声方面

模拟中继容易产生噪声积累，使信杂比下降，当噪声的能量超过码元能量的一半时，便产生误码。

4. 抗干扰方面

再生中继抗干扰能力较强，原因如下。

（1）再生中继可采用抗干扰编码，而模拟中继无此能力。

（2）再生中继通过判别站址可识别数据，非下属测站不转发，模拟中继没有判别能力，收到数据就转发。

（3）再生中继不存在噪声积累问题。

三、中心站

水情自动测报系统中心站通常由水情遥测数据接收处理和水库优化调度系统组成，自动测报系统是接收本系统中的遥测站发送的数据，以及通过其他方式联机的水文数据，并进行处理加工，向各使用部门提供计算成果，为水电厂防洪、发电调度决策提供依据。

（一）中心站功能

（1）实时接收遥测站水文数据，并对数据进行处理，数据合理性检查，再按数据分类存入内存或数据库。

（2）系统平台能够发出巡测、召测指令，查询指定应答遥测站的水文数据，系统具有定时巡测、定时召测、人工召测等功能。

（3）平台软件提供数据检索、查询、统计、显示、打印等功能，以及水情日、月、年报表，各种曲线、图形等输出。

（4）平台软件具备水位越界、时段雨量越界等预警告警功能，并将告警预警信息记录存储供查询。

（5）具备对遥测中继站控制功能，可以控制切换再生中继站主用和备用电台，查询中继站工作状态。

（6）中心站具备根据率定的水文预报模型进行产、汇流预报和洪水演进计算，对预报成果进行实时修正，发布水文预报，预报形式有定时预报、人工估报、人工脱机预报等，并具备成果打印。

（7）提供水库优化调度方案。

（8）系统预留可拓展接口，并根据通信传输协议，主动或被动接收其他系统数据的功能。

（二）设备组成

为了保证中心站的可靠运行，中心站采用可容错的非对称双机工作方式，互为备用。水情自动测报系统中心站设备组成如图 2-29 所示。

1. 硬件

（1）数据接收处理计算机。一般采用性能较高，运行速度较快，配置较高的可不间断运行的计算机和数据库服务器。

（2）工作站计算机。

（3）超短波通信机（电台）。

（4）中心控制仪。

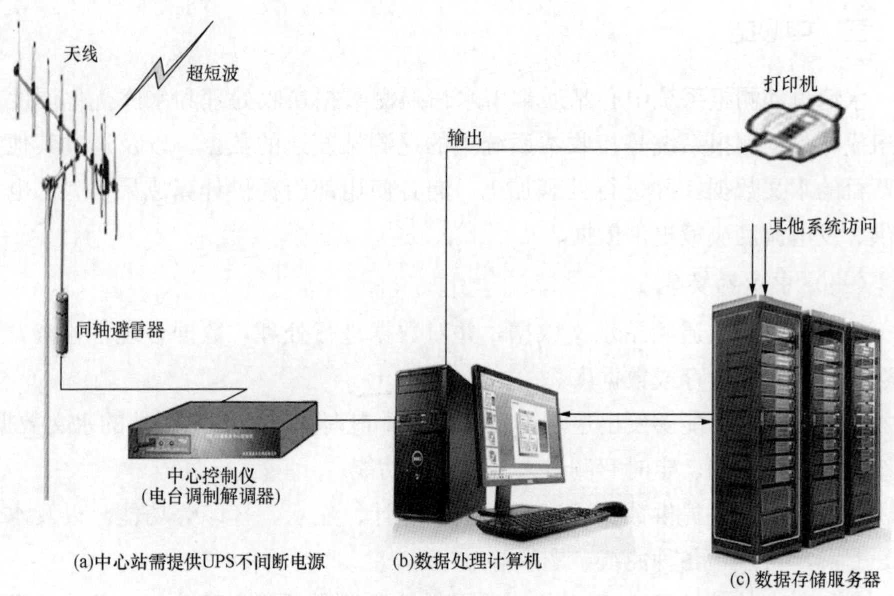

图 2-29 水情自动测报系统中心站设备组成

（5）调制解调器。

（6）天馈线、同轴避雷器。

（7）不间断电源（包括蓄电池组、UPS 电源等可靠供电）。

（8）数据报表输出设备（打印机、绘图仪等）。

2. 软件

遥测中心站系统平台具有对接收到的数据进行分析和存储的功能，包括基础数据处理软件（数据接收、分析校对、数据存储，数据检索、查询等），应用软件（生成日、月、年报图表显示输出等），高级应用软件（水文预报、发电调度、洪水调度、发电计划、节能计算等）等 7 方面。

遥测中心站系统软件包括：①数据接收处理子系统；②通信管理子系统；③文件管理子系统；④数据输出子系统；⑤高级应用子系统；⑥资料检索子系统；⑦系统设置子系统。

（三）工作原理

遥测站发来的或中继站转发的带水文参数的高频信息由中心站天线接收后，经馈线、同轴避雷器传送给通信机，通信机将变频信号转变为音频信号传送给调制解调器，经解调后给中心控制仪输出到数据接收计算机，计算机将数据分析、处理后输送到数据库服务器存储。

1. 通信规约

通信规约即指数据传输协议。长期以来，国内厂商在水情测报通信规约方面各自为政，各自研发适合自身产品的通信协议，因而不同厂商建成的系统互不兼容，存在“信息孤岛”问题，导致设备维修、更换及日后的系统升级困难。为了更好做到资源共享、相互兼容，国家水利水资源相关部门组织编写了水文监测数据通信规约和水资源监测数据传输规约，要求水利系统在建的水情监测系统必须采用该通信协议，保证系统建设的标准化和规范化。目前采用的是SPC 通信协议。

SPC 通信协议通过两个相邻周期的下降沿之间的脉冲实现数据传输。相对于模拟输出和 PWM 输出，SPC 通信协议以单线半双工传输的方式进行数据传输，最多可以同时控制 4 个传感器，具有较高的传输速度，较强的可靠性和抗干扰能力。

2. 数据处理

当中心站天线接收到带水文参数的高频信号时，通过馈线到中心站中心控制仪，通过调制解调器将解调后信息送到数据处理计算机（RS-232 串口）进行处理后，送服务器存储。

第三节 故障分析及处理

水情自动测报系统具有连续不间断运行的工作特性，一旦系统发生故障，就要求维护人员能够及时排除，使之尽快恢复正常运行。维护人员要对系统的每一个组成部分，每一个子系统有一个清晰地了解，利用分段排除法、逐级排查法，器件替换法等方法来分析、判断和处理系统的故障。

分段排除法、逐级排查法是分析、判断系统故障最有效的手段，从各个部分在系统中所担负的作用和它们之间的联系点分段分析，通过排除法尽可能的缩小故障范围，快速准确地判断出故障原因和故障设备。

一、遥测站与中继站

（一）遥测站一般故障

遥测站包括雨量计、水位计、电台、天馈线、同轴避雷器，遥测数传仪，太阳能电池及蓄电池等全套设备。遥测站的故障判别首先就是要判别故障是出自哪一个环节哪一个设备上，然后才能够进行维修。下面列出遥测站的一般故障现象，原因及修理方法。

1. 测站不来数

（1）故障原因。故障主要原因有：①电池电压太低；②电台发射机问题；③天馈系统问题；④遥测数传仪问题。

（2）维修方法。

1）电池电压太低。检查太阳能电池的充电电流判别太阳能电池板及隔离二极管是否损坏；检查蓄电池的质量；检查电台及数传仪的静态电池是否正常。

2）电台发射机问题。用函数功率计检查电台，同轴避雷器及天馈系统是否有问题；比如功率下降，天馈开路，损耗增大等问题。

3）天馈系统问题。一般有方位角偏动，天线驻波比增大都可能造成通信不畅，中心站收不到数据。首先用罗盘测量定向天线方位角是否偏动，如有偏动按标定方位角进行调整固定；再用功率计测量天线驻波比是否超出设计值，如果超出设定值，原因就是天馈线接口进水或松动，需对馈线接口进行处理，使其恢复正常。

4）遥测数传仪问题。检查数传仪的发控三极管，定时器电路等是否有问题，如有器件损坏应换上同型号或参数相近的器件。

2. 只有定时报，但水位变化不发送新数据或降雨不报数

（1）故障原因：①水位计问题；②雨量计问题；③数传仪的接口电路问题。

（2）维修方法。

1）水位计问题。根据水位计的使用说明书找出故障产生的原因，比如是否浮子被卡住，是否机械编码器出故障以及水位传输电缆线断线等。

2）雨量计问题。检查雨量计的干簧管是否损坏，磁钢与干簧管的位置是否太远或磁钢已退磁等；检查雨量计的信号线是否开路或短路。

3）数传仪的接口电路问题。检查数传仪与水位计的接口电路，以及数传仪与雨量计的接口电路是否芯片已被感应电压损坏，更换芯片时要注意方向不要插反了。

3. 遥测雨量与实际观测雨量不符

（1）故障原因。一般都是雨量计的问题。

（2）维修方法。

1）雨量计翻斗调整不合要求，需要重新进行调整。

2）翻斗翻转次数与信号次数不合，重调磁钢与干簧管的位置。

3）雨量传输线绝缘电阻变小，检查信号芯线及插头座是否受潮等。

4. 遥测水位数据与水尺实际读数不符

（1）故障原因。一般都是水位计或水位接口电路的问题。

（2）维修方法。

1）水位计安装时基准或数据没有对好，重新校正。

2）水位计的浮子被卡或经常擦边，浮子被淤泥粘住等，水位计重新调整固定位置。

3）水位计传输电缆线有断线开路或短路现象，更换电缆线。

4）数传仪的水位接口电路有问题，修复或更换控制板。

（二）遥测终端故障

遥测终端（也称数传仪）是遥测站的中枢，通常由发射机（电台）、单片机、调制解调器、电源控制电路、定时电路、上电控制电路、传感器接口等组成。遥测终端机如图 2-30 所示。

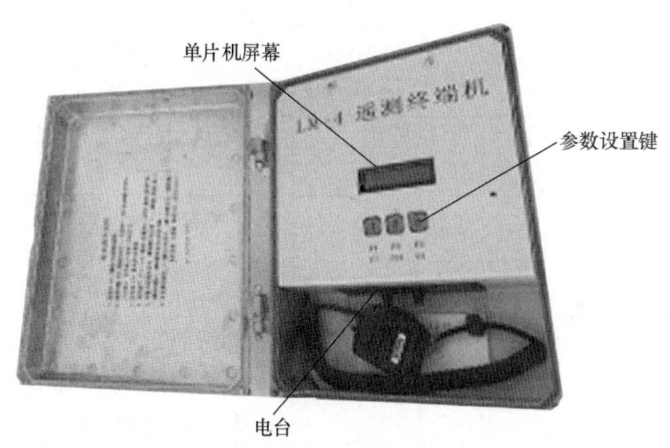

图 2-30　遥测终端机

遥测终端故障时，首先排除遥测终端外围的所有接入接口情况，在外围设备都正常后，开始检查终端。

（1）检查遥测终端参数设置是否正确。

（2）检查电台频率是否正确，电台静噪调整合理。

（3）检查遥测终端，人工倒水模拟降水，查看控制板工作指示灯及电台接收数据声音等现象，如果数传仪控制板数据有变化，电台没有声音时，可以排除数传仪问题，如果控制板没有灯亮，说明控制板有问题，需要更换。

（4）常见遥测终端故障见表 2-4。

表 2-4　　常见遥测终端故障

故障现象	原　因	处　理
电源指示灯不亮	电源异常，电压可能不为 12VDC	检查终端使用电源，使终端电源输入为 12VDC
	电源保险烧坏	检查 2 个电源保险，并更换烧坏的保险管
	主板上电源插座（J4）供电异常	检查接插件及其引出导线
	电源指示灯损坏	更换 LED
计算机数据通信指示灯工作异常	不亮，LED 坏或 LED 引线有问题或 V6 芯片坏	更换 LED 或检查 LED 引线，或更换 V6 芯片
	常亮，V6 芯片坏	更换 V6 芯片
	保持闪烁，V6 芯片坏	更换 V6 芯片
通信指示灯异常	常亮（不能表示通信状态）	电路故障，需更换故障芯片
	不亮	1. 不能进行数据通信时，可能是电路故障； 2. 可以进行数据通信时，通常是 LED 或其驱动电路故障
数据（无线）接收异常	电台无数传声	电台无信号输出，可能是天馈系统或电台故障
	电台有数传声	1. 解调 LED 不亮，可能信号未进入解调器，需检查电台数传接插状态是否良好，电台是否有信号输出； 2. 解调 LED 灯亮，可能串行日输出驱动电路 V3、V4 损坏或其他电路损坏，此时计算机间不能进行双机通信
	召测失败： 1. 电台不发声； 2. 天馈系统故障	1. V6 芯片故障，或 TI 损坏； 2. 电台不能控发（按入话筒 PTT 也不能控），用功率计检查，驻波比和反射功率、发射功率均不正常时，可以确定是电台问题，更换电台

（三）天馈线故障

天馈线故障是水情测报系统常出现的问题，造成系统漏数、不来数等现象，要引起值班人员高度重视，加强设备巡查，早发现早处理。天馈线系统故障有遥测站、中继站、中心站，不同的站点出现问题，表象都不一样，在日常的系统检查维护中要注重电台功率、天线驻波比检测，并分析检测数据的变化情况，同时要检查同轴避雷器、天线方位角的变化。

1. 遥测站天馈线故障

遥测站是水情自动测报系统最基本单元，天馈线通常由五单元或八单元天线、振子、同轴避雷器及馈线组成，如果发现是一个站点不来数而且是天馈线问题，就要逐项检查排除，如图 2-31 所示。一般情况都是振子接口防潮没有处理好或天线方位角变化，造成电台发送功率衰减。

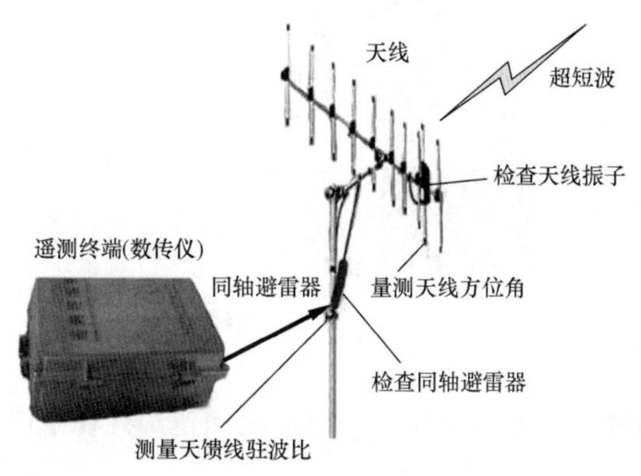

图 2-31　遥测站天馈线检查

（1）量测天线方位角是否与原设计值一致。

（2）量测天馈线驻波比（表示天馈线与中继站收发信机匹配程度的指标），通常遥测站的驻波比数据要小于 1.5。

（3）检查天线振子接头位置的防水情况。如果接触不良或防水没有处理好，量测的驻波比会增大，造成一部分高频能量被反射回来，从而降低了馈线向天线的输入功率。

（4）检查同轴避雷器是否损坏。

2. 中继站天馈线故障

水情自动测报系统中继站是沟通远距离两地无线通信的接力装置，是遥测站与中心站的桥梁，中继站的可靠性是至关重要的，如果中继站出现问题，整个系统基本就瘫痪了。通常中继站有接收和发送两套天馈线，基本上选用全向天线，具有接收遥测站信息再转发到中心站的过程。中继站天馈线组成如图 2-32 所示。

（1）检查接、发两套全向天线与馈线接口防水情况。

（2）量测接、发两套天馈线驻波比（表示天馈线与中继站收发信机匹配程度的指标），通常中继站的驻波比数据要小于 3.0。

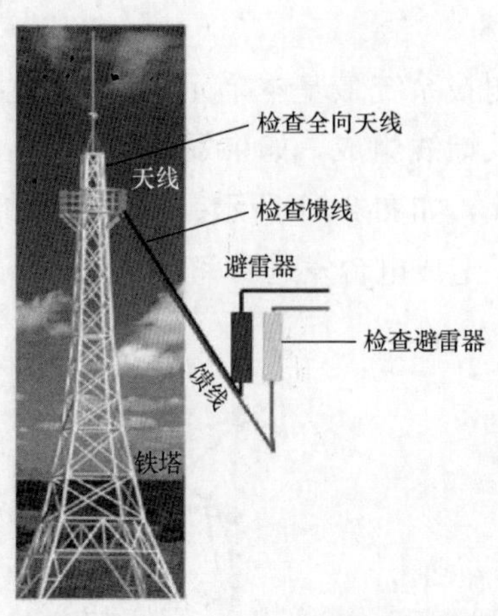

图 2-32　中继站天馈线组成

(3) 检查同轴避雷器是否损坏，一般情况问题都处在全向天线与馈线接口。

3. 中心站天馈线故障

中心站天馈线与遥测站天馈线系统相似，通常由五单元或八单元天线、振子、同轴避雷器及馈线组成。排查方式雷同遥测站天馈线系统。

【案例 2-1】 收不到数据。

(1) 故障现象。某日检查 VHF 系统中心站运行情况，发现系统来数误码增多，16：54 后漏数也多起来，21：00 后收不到数据，引发系统计算出差报警。

(2) 故障原因。根据现象进行分析，故障的原因可能有：①遥测站设备故障；②中心站设备连接松动；③中心站接收软件无响应；④天馈线问题。

(3) 故障处理。依据故障现象逐项进行检查。

1) 对遥测站进行排除分析，如果是单站收不到数据，就是遥测站问题，如果是所有测站不来数，可以排除遥测站问题。

2) 检查中心站设备连接情况是否良好。

3) 重启中心站接收软件，看是否能收到数。

4) 用功率计对天馈线进行检查测量，如果驻波比大于 2.0，说明天馈线有问题，需要检查天线接口是否有漏水现象。如果接口漏水，要用 3M 胶带重新包扎。

5) 检查避雷器，如果避雷器击穿，需更换新的避雷器。

4. 雨量传感器故障

常见雨量计故障见表 2-5。

表 2-5 常见雨量计故障

中心站表现形式	雨量计故障	解决方法
降雨时收不到数，但定时自报数仍能收到	雨量计无信号输出或传输线故障： 1. 干簧管失效； 2. 磁钢与干簧管距离过远； 3. 焊线脱落或信号线断	到测站检查： 1. 更换； 2. 调整； 3. 修复
降雨时收到雨量数与比测雨量计相差较大	1. 雨量计翻斗翻转基点，但这种误差一般不超过±10%； 2. 磁钢与干簧管位置不佳，造成时好时环，以致部分信号遗漏； 3. 比测雨量计与系统雨量计相隔较远，或有强风	1. 重新滴定调整基点； 2. 调整距离； 3. 客观情况如此，仪器无故障
中心站不断来雨量数，而实际情况没下雨	五蕊插头座浸水（这种现象往往在下大雨后易发生）	处理进水，重新密封

【案例 2-2】 雨量数据偏少。

（1）故障现象。某日，在中心站设备巡查过程中发现某站点 GPRS 自动测报系统降雨量明显少于 VHF 自动测报系统，而系统通道正常，定时来报正常。

该遥测站采用双干簧管雨量计采集雨量。降雨量由遥测雨量计的承雨口收集，流经雨量计翻斗，当翻斗承满时自动翻转，引动干簧管与磁钢吸合一次，使雨量传感电路导通，控制遥测终端发送一个雨量信号。

（2）故障原因。雨量数据偏少是水情自动测报系统信息采集中经常出现的故障，偏少的原因有 3 个方面：①周围环境树木等杂物影响雨量收集；②翻斗翻转不灵；③干簧管失效。

（3）故障处理。

1）工作人员到达故障现场后，首先，应该检查现场雨量计周围有无影响雨量收集的杂物；其次，模拟人工降雨，用雨量量杯向雨量计承雨口倒水 10mm，检查雨量计翻斗翻转是否灵活；最后，通知中心站配合人员检查数据采集平台数据接收情况。

2）通过检查测试，发现雨量计周围无影响雨量收集的杂物，雨量计翻斗翻转是灵活无卡涩现象，但是人工模拟 10mm 降雨，中心站只收到 1 个雨量数据。进一步检查发现，该站雨量计双干簧管中的 2 号干簧管失效。

3）工作人员更换干簧管后，再次人工模拟降雨，倒水 10mm 测试，中心站收到 10 个雨量数，故障解除，测站恢复正常运行。

（4）维修总结。通过雨量数据故障分析，大部分雨量故障都是由于干簧管失效造成。针对上述原因①和原因②造成的雨量数据偏少故障，只需要清理周围杂物和重新调整雨量计翻斗间隙，即可恢复正常。

【案例 2-3】 收不到雨量数据。

（1）故障现象。某日，中心站设备巡查过程中发现某站点超短波自动测报系统降雨量没有收到，而其他站点来数正常；同站点 GPRS 系统遥测站有数据，经查系统定时来报正常。

该遥测站采用双干簧管雨量计采集雨量。降雨量由遥测雨量计的承雨口收集，流经雨量计翻斗，当翻斗承满时自动翻转，引动干簧管与磁钢吸合一次，使雨量传感电路导通，控制遥测终端发送一个雨量信号。

（2）故障原因。分析雨量数据没有的原因有 3 个方面：①翻斗翻转卡牢；②双干簧管都失效；③遥测站数传仪不工作。

（3）故障处理。

1）工作人员到达故障现场后，首先，检查测站数传仪工作情况，进行人工模拟发送，中心站收数组成；其次，模拟人工降雨，用雨量量杯向雨量计承雨口倒水 10mm，检查雨量计翻斗翻转是否灵活；最后，通知中心站数据采集平台数据接收情况。

2）通过检查测试，发现雨量计翻斗卡死，不能正常翻转，没有引动干簧管与磁钢吸合，脉冲信号没有，数传仪不工作。维护人员调整了干簧管露丝后，再次人工模拟降雨，倒水 10mm 测试，中心站收到 10 个雨量数，故障解除，测站恢复正常运行。

5. 水位传感器故障

水位传感器由水位计和适配器组成，如图 2-33 所示。常用的水位计有差压式、超声波式、浮子式、压力式、雷达水位计等，水位计的选择主要考虑现场情况，其典型故障如下。

（1）水位井内有杂物，影响水位浮子上下浮动或搁牢，造成水位数据不一

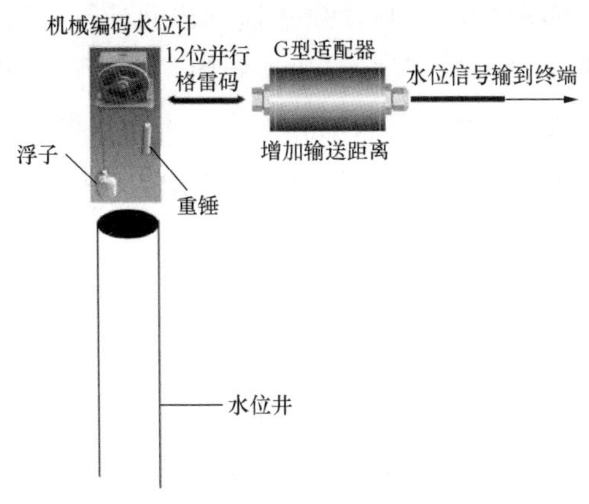

图 2-33　水位传感器组成

致或水位数据不变化。

（2）水位计安装位置偏移，可能造成水位计浮子、重锤发生碰撞水位井壁，也可能影响实时水位的差异。

（3）水位电缆有多芯，当有短路发生时，会引起水位数据跳变。

（4）接口接触不良的情况，也会引起水位跳变。

二、中心站

（一）一般规定

中心站包括遥测数据接收处理系统和水库优化调度系统组成，也称水库调度自动化平台，是整个遥测和调度系统的心脏，中心站的一个小故障有可能导致全系统不能工作，因此必须及时发现和维修。值班人员要有强烈的责任心，经常观察中心站的运行情况，发现问题及时向维护人员反映。

（1）中心站的供电方式较多，通常应该配备双电源，同时具备 UPS 不间断电源，并按照要求接线。若长期不停电，则应每隔二三个月将中心站蓄电池组进行深放电一次。若经常发生交流电断电，则在市电恢复后，应用充电机对蓄电池进行大电流充电。

（2）在中心站的运行过程中，经常会发生串行口或并行口等接口损坏的现象，这往往是由于带电接、拔插头引起。所以必须强调的是不准带电接拨插头或带电操作电路板。

（3）计算机病毒盛行，危害极大。虽然有杀病毒软件值守，但杀病毒软件的发展总是滞后于病毒的发展，必须严格执行国网计算机信息管理和机房管理规定，禁止一切不明来路的U盘、安装盘使用。为了防止其他人使用计算机、服务器，设备或系统管理员要设置开机口令，并经常性更换口令。

(4) 中心站的备份软件以及数据备份应按规定要求保存，软件备份最好有二套，且每隔二年应重新备份一次。

(二) 日常检查

计算机是指数据库服务器、备份服务器、工作站等，这里主要巡查计算机的操作系统以及数据库管理系统等是否在正常工作，操作系统和数据库管理系统是一个复杂的软件系统，它必须在网络系统、计算机软、硬件系统等的协调配合之下才能正常工作。网络故障、硬件故障以及系统软件的缺陷都有可能引起系统的不正常。

(1) 巡查系统平台是否有异常对话框出现。

(2) 查看系统事件日志，有无致命或严重错误发生。

(3) 使用任务管理器，查看内存占用情况及CPU使用情况。对于数据库服务器而言，为了保证有较好的响应速率，CPU的使用率平均值最好在25%以下，如果CPU长时间在接近100%的水平上运行，应检查是否有软件故障存在，同样对数据库服务器而言，内存的大小对系统响应速率也有很大影响，通常不建议系统使用的内存超过计算机物理内存的限制。

(4) 查看计算机的硬盘空间，由于操作系统以及系统运行时都需要有一定的硬盘空间，而且在数据库备份时更需要较大的硬盘空间，如果硬盘空间小于200M，则有可能引起系统故障，硬盘空间的不足，也会引起数据库备份的失败。

(5) 值班人员应时常检查“数据采集程序”“通信客户端”“水务管理模块”等进程是否在正常工作。使用查询系统查看实时数据，历史数据，水务管理，洪水预报结果等是否正常。

(6) 性能监视，尽管水情自动测报系统及水库调度自动化管理系统有自我调整能力，但还是有许多待提高的地方，需要定期监视系统以决定是否存在防止它快速有效运行的地方，只有定期监视系统的性能，找出瓶颈所在，才有可能解决它们。

(三) 日常维护

1. 数据定期维护

中心站调度平台是一个多系统的集合，不仅采集遥测站数据，而且需采集其他厂内外系统数据（包括厂内监控机组开停机、闸门开关闭、电能量、小水电站等），影响系统平台响应速率的因素是多方面的，如计算机 CPU 速度、内存大小、磁盘的性能、网络的速度、数据库系统设计的先进性、应用数据库结构的合理性、应用软件设计的合理性等，数据量的增加必然影响查询的响应速率，故需要定期使用数据库设置工具对无保留价值的数据进行删除。

2. 数据库备份

数据库的安全备份是预防由介质、操作系统、软件和其他导致重要数据库文件严重损坏的唯一安全措施，备份计划越好，在恢复过程中的选择余地越大。

（1）数据库中断的原因。在大型系统中，引起数据库中断的原因很多，大致可分为物理、设计（软件缺陷）、操作、环境 4 类。

1）物理中断。通常由介质失效或 CPU 失效等硬件错误引起。

2）设计中断。通常由称为软件缺陷的软件错误引起。任何软件缺陷，无论是操作系统、数据库软件还是应用软件，都会导致设计中断。

3）操作中断。通常来自人为干预，操作中断是由一些不过关的 DBA 技术、用户错误，不合适的系统设置或不充分的备份过程构成的错误。

4）环境中断。通常是由外部环境的关系，诸如地震，电源冲击和异常温度条件等导致的中断。

（2）备份内容。主要备份系统数据库和应用数据库，系统数据库包含许多与系统操作至关重要的信息，如果这些信息丢失，将有可能导致数据库无法启动，只有安全备份数据库，才能预防这些数据的丢失。

（3）备份频率。备份数据库的频率由数据修改量和发生失效时可能丢失的数据量两个因素决定。对日常操作频繁的服务器，要求每天或每小时进行备份；对于水库优化调度系统，采用每月进行一次完全备份的办法。

思 考 题

1. 雨量传感器出现故障主要有哪些？如何检查处理？
2. 水位计与水位适配器如何连接？
3. GPRS 遥测站如何设置？
4. 中心站 GPRS 通信模块如何设置？
5. 中心站 GSM 短信息模块如何设置？
6. 超短波水情自动测报系统的优点有哪些？

7. 超短波遥测站由哪些设备组成?

8. 超短波再生中继站的工作原理是什么?

9. 超短波中心站的主要功能有哪些?

10. 遥测站不来数，如何排查判断故障点?

11. 遥测站来数偏少（雨量），如何判断故障点?

12. 中心站系统平台收不到遥测站数据，如何排查故障点?

13. 中心站日常值班需巡查哪些设备?

14. 中心站日常需要维护哪些项目?

第三章

水库调度自动化

水库调度自动化系统是集电力、水文、气象、计算机、网络、通信等多专业的综合性自动化系统，主要功能是实现流域水文数据、水库和水电站运行信息的自动采集处理，并借助先进的数学模型和计算方法，实现对水电站和水库运行状态的实时监视，开展与水库运行有关的水务计算、水文预报和方案制作，为水库和电网的优化运行、防洪调度提供决策支持。

水库调度自动化系统从 20 世纪 90 年代开始，至今已经经历了 30 年左右，最初的水库调度自动化系统是从传统的水情自动测报系统发展而来。在探索阶段，水库调度自动化（简称水调自动化）更多地体现为将多个水情自动测报系统进行集成。国家电力调度通信中心于 1996 年 1 月制定了《电力系统水调自动化规划纲要》，开始在水电比重较大的省份开始组建水库调度自动化系统。

2000 年以后，开始进入综合应用和集中管理阶段。2005 年 2 月，电监会出台 5 号令《电力二次系统安全防护规定》，此时水库调度自动化系统已经广泛互联，接入更多的信息，对网络安全防护、高级应用有了更高要求，实现了水库调度工作无纸化办公。

2010 年以后，水库调度自动化系统进入了智能化发展阶段，随着网络建设更加坚强，新技术和新设备不断更新，水库调度自动化系统也进入广泛互联、数据共享的阶段，高级应用更加智能化，具备智能化预警、双网冗余自动切换等智能化解决手段，同时发展改革委发布 2014 第 14 号令《电力监控系统安全防护规定》，对水库调度自动化系统安全进行了全面阐述。

本书将以电厂水库调度自动化系统为例进行阐述。

第一节　水库调度自动化技术特点

当前水库调度自动化系统主要应具备流域水文数据、水库和水电站运行信息的自动采集处理，开展与水库运行调度有关的水务计算、水文预报和方案制作，为电网和水库优化调度提供决策支持。

在系统功能上应具备网络中断告警、数据补传、数据合理性检查、实时跟踪水文预报和水务计算结果、分级越线报警、重要进程监视及自动重启、视频监视水位水尺和闸门启闭等基本功能。

一、硬件部分特点

1. 设计规范要求

根据《电力监控系统安全防护规定》（发展改革委 2014 第 14 号令）要求，建议采用双网结构，关键设备采用双机备份互为冗余，局域网采用 TCP/IP 协议，数据通信协议宜符合《电力系统实时数据通信应用层协议》（DL/T 476—2012）中的要求。

2. 硬件组成

水库调度自动化系统设备主要有数据库服务器、业务服务器（应用服务器）、网络连接设备（包含交换机、路由器、防火墙、隔离装置、协议转换器等）、其他设备（水情会商设备、打印机、短信发布设备、移动工作站等）组成，如图 3-1 所示。

3. 安全防护要求

根据《电力监控系统安全防护规定》（发展改革委 2014 第 14 号令）要求，水库调度自动化系统位于生产控制大区中的Ⅱ区（非控制区），安全防护工作应当落实国家信息安全等级保护制度，按照国家信息安全等级保护的有关要求，坚持“安全分区、网络专用、横向隔离、纵向认证”的原则。

二、软件部分特点

1. 多层设计

水库调度自动化系统需采用多阶层结构，所有的功能模块均不直接与数据

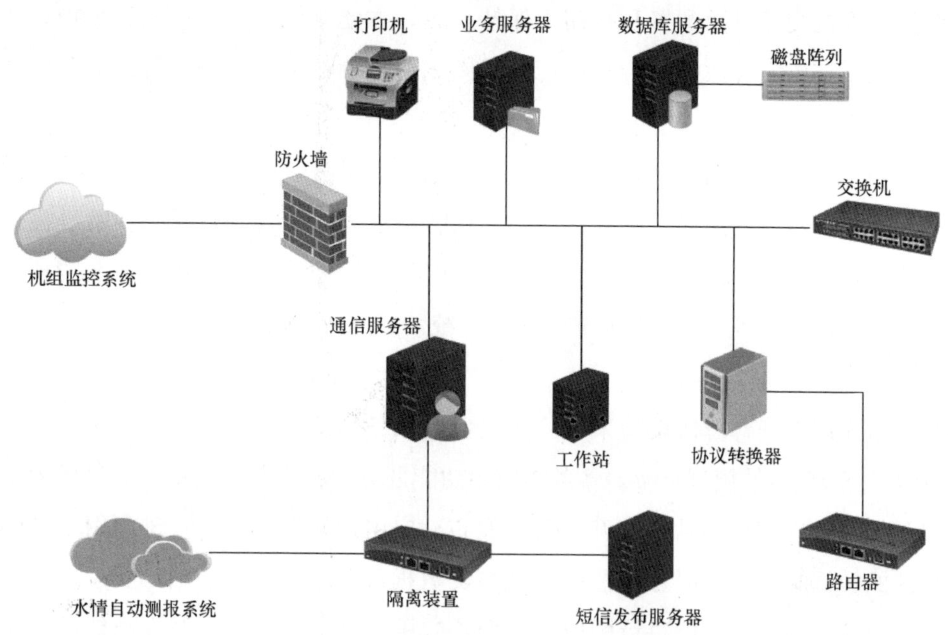

图 3-1 水库调度自动化系统设备组成

库系统发生联系，而通过中间件，即数据访问服务实现多个模块间信息的交换。水库调度自动化系统为三阶层结构。

所有应用软件（除数据管理子系统）都不直接与数据库系统发生联系，所有的数据存取全部通过数据服务子系统完成，实现了数据访问的优化、数据访问内容和流量的集中控制，从而确保数据库系统和实时数据库系统（包括主数据库和实时数据库）的安全性，通过统一的数据存取优化了系统的集成性，通过提供 API 数据访问服务存取数据，实现了在确保安全性的前提下的开发性。

数据访问服务模块是系统的核心模块，它介于数据源（主要是数据库系统）和各种功能处理系统（如数据处理、人机界面系统等）之间，处理网络上各种应用的输入与输出。在双网等具有可靠性冗余的条件下，实现系统负载均衡与故障情况下自动切换，保证系统的可靠运行。

2. 跨平台支持

系统采用 JAVA 语言开发，各功能模块运行均支持跨平台运行。

3. 人机界面

水库调度平台和应用软件的人机交互界面在同一框架下运行，并且在菜单配置、人机交互界面配置和存储等保持一致，方便调用运行、管理和维护。并且可根据需要实现数据平台与应用软件间人机界面的组态方法，形成综合信息展示的界面。

制定人机界面图形、表格类的应用规范，其中图形规范应考虑各类主流的图形标准与格式，形成了标准的图形类模板格式与存储规则，系统可通过描述性语言规定各类不同元素、对象、功能、事件的标准，并在此基础之上实现图形的展示、交互等，以此为基础，实现了统一标准的各类应用扩展。

4. 后期开发

水库调度平台总体设计采用分布式面向服务的组件模型设计思想，统一规划设计 SOA 组件模型框架，将各类应用功能划分为不同服务模块，通过微内核服务管理实现模块间数据交互、事件发布、应用调用等功能，同时利用不同管理区的数据中心与实时数据总线实现各类数据源共享，在此基础之上建立信息互动、综合联动、智能决策的应用平台，应用平台应提供二次开发功能，便于实现用户自行开发的模块融入水库调度自动化系统吗，提升自动化系统的实用性。

第二节 工作原理及功能

一、工作原理

根据《电网水调自动化功能规范》（DL/T 316—2010）中的要求，水调自动系统应采用基于 TCP/IP 协议的网络，分为局域网和广域网，关键设备应采用双机备用的冗余配置。

1. 组网方式

根据相关规范要求，水调自动化系统要求可靠性高，运行稳定，在组网上建议采用双网双设备同步运行，在组网上充分考虑采用两组不同网络地址段，从硬件上实现两个完全独立的网络系统，服务器和相关网络设备具备双网口，软件平台支持双网同步运行并能实现智能切换，确保单一硬件损坏不影响系统正常运行。

2. 数据流向

水调自动化系统主要数据为水文数据和水电站运行数据，数据流主要有采集、计算、上传等环节。水调自动化系统数据流向如图 3-2 所示。

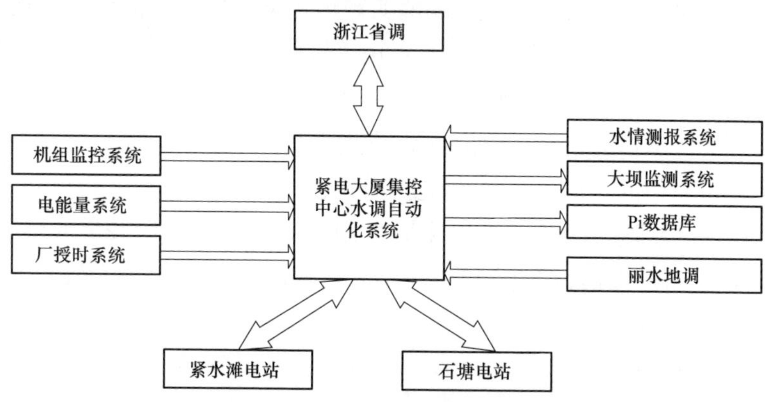

图 3-2 水调自动化系统数据流向

二、常用功能

（一）数据接入

1. 水情数据接入

水调自动化系统需要接入水情自动测报系统各类水雨情数据，按照网络安全要求，接入数据需经过反向隔离装置进行接入，主要数据类型有降水量、水位、蒸发、测流等水文数据，接入数据为实时数据、时段数据等。

2. 机组信息接入

水电厂水调自动化系统为完成水量平衡自动计算，需要接入发电机的有功功率、机组开停机时间，根据《电力监控系统安全防护规定》（发展改革委 2014 第 14 号令）业务分区原则，机组信息处于生产控制大区中的Ⅰ区，水调自动化系统位于Ⅱ区，数据可采用经防火墙后接入水调自动化系统。

3. ERTU 系统接入

ERTU 系统是电能量采集终端，主要采集机组、厂用电、上网电量等，系统位于生产控制大区Ⅱ区，可直接通过交换机接入水调自动化系统，在接入时建议采用 Vlan（虚拟局域网）技术实现数据通信，主要接入数据为单机小时、日电量。

（二）数据传输

1. 跨网段传输

水调自动化系统可通过三层交换与同区 ERTU 等系统实现跨网段通信，通过 VLAN 技术实现不同网段的数据交换，同时对不同网段进行网络权限配置。

2. 串口传输

串口传输是指利用很简单并且能够实现远距离通信，通信长度可达 1200m，通信使用 3 根线完成，分别是地线、发送、接收。由于串口通信是异步的，端口能够在一根线上发送数据的同时在另一根线上接收数据。其他线用于握手，但不是必须的。串口通信最重要的参数是波特率、数据位、停止位和奇偶校验。对于两个进行通信的端口，这些参数必须匹配。

串口传输在水调自动化系统中主要应用与现场设备数据采集，对于长度超过 1200m 的设备可以通过 RS-232 转光设备实现超远距离的数据传输。

（三）数据处理

1. 数据处理

数据处理软件主要由实时数据处理与历史数据处理两大部分组成，如图 3-3 所示。其中实时数据处理可用于实时接收到遥测水情数据后自动计算对应的实时计算数据；历史数据处理则有从实时数据中提取数据，整编成小时、日、旬、月的特征数据（整点值、平均值、最大值、最小值）等功能。

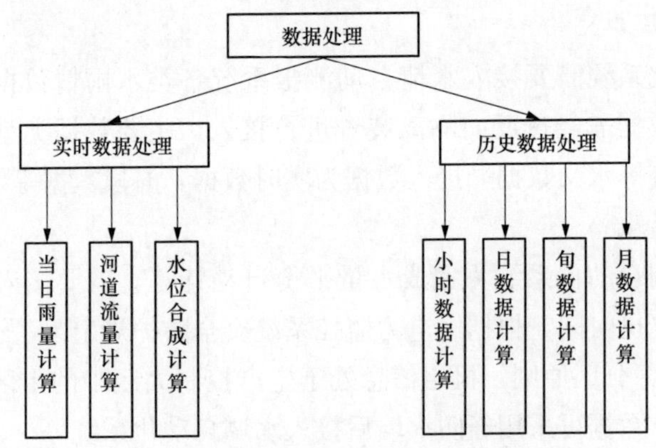

图 3-3　水调自动化系统数据处理软件组成

水调自动化系统数据处理软件主要运行程序如下：

HD. GenCalc. jar

gencalc_bean. xml

gencalc_config/gencalc. xml

数据处理软件需统一平台 HD. Server 中间件支持。一体化计算任务调度窗口如图 3-4 所示。

2. 数据监视

数据计算监视窗口如图 3-5 所示，有全局监视、实时计算监视、分钟计算监

图 3-4 一体化计算任务调度窗口

视、小时计算监视、日计算监视、旬计算监视、月计算监视等服务。

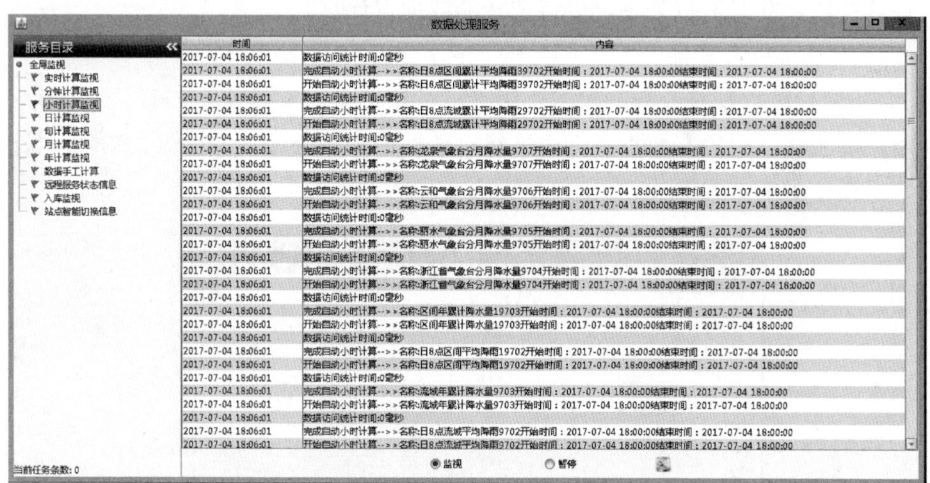

图 3-5 数据计算监视窗口

3. 手工计算交互

手工计算交互窗口如图 3-6 所示。

手工计算有以下两种方法。

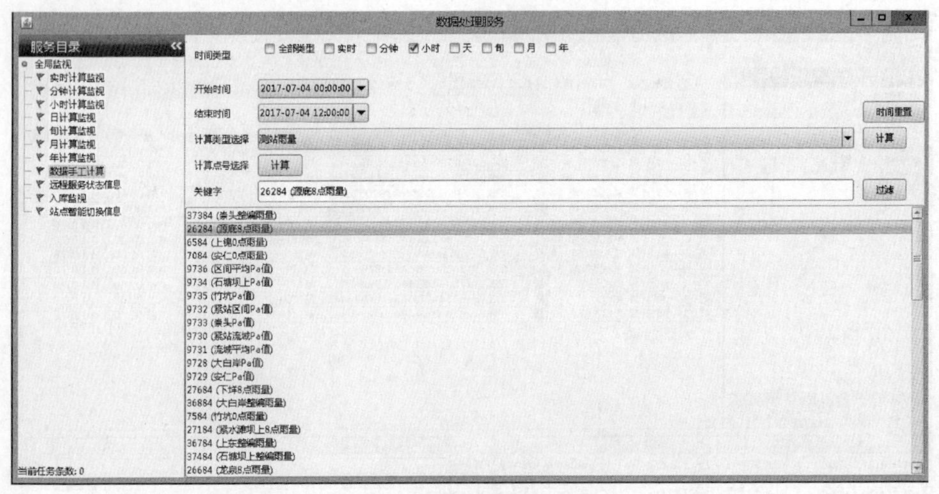

图 3-6　手工计算交互窗口

（1）依据时间计算类型、时间选择、计算类型点击计算按钮，此时数据处理可以将所有该类型的数据点计算（如水位）。

（2）依据时间计算类型、时间选择、计算类型、计算点号选择后点击另一个计算按钮，此时数据处理可以将选择的数据点计算。

4. 数据修改与删除

实时/时段数据修改与删除需要用管理员用户登录系统平台，登录平台后在菜单栏的实时（时段）数据查询中进行对数据增加、修改或删除。“实时数据记录”对话框如图 3-7 所示。

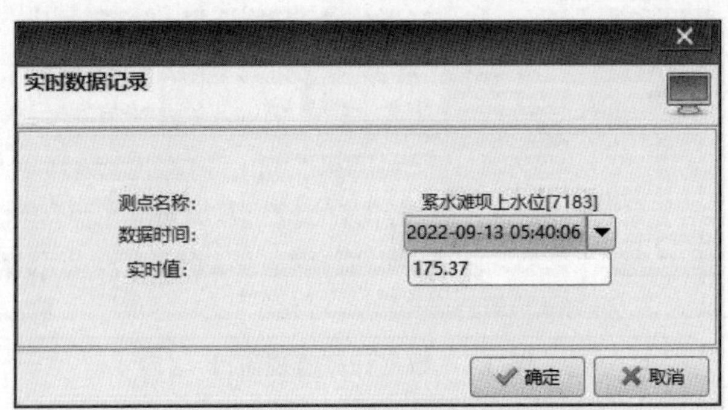

图 3-7　“实时数据记录”对话框

在窗口实时值栏中可修改数值（注意数据时间不能改），如需要新增数据，将弹出如图 3-8 所示的对话框，提示“实时数据增加写库成功”。

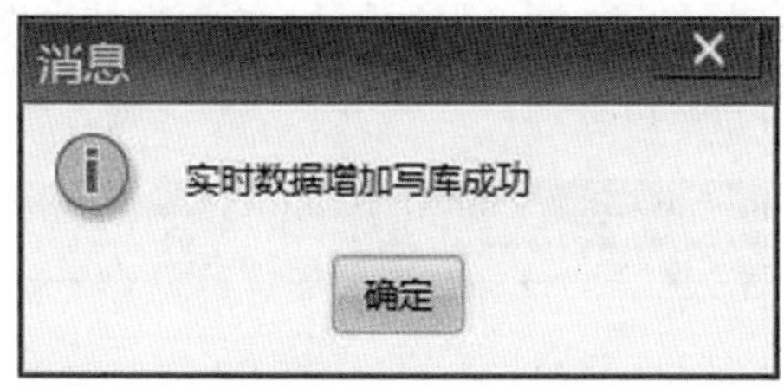

图 3-8　数据新增提示窗口

修改数据时间和实时值后单击“确定”按钮即可，修改后数据列表中会以绿色为底进行标注，如图 3-9 所示。

紧水滩坝上水位[7183]	2022-09-13 03:39:37	175.37
紧水滩坝上水位[7183]	2022-09-13 03:44:41	175.36
紧水滩坝上水位[7183]	2022-09-13 04:34:48	175.36
紧水滩坝上水位[7183]	2022-09-13 05:34:59	175.36
紧水滩坝上水位[7183]	2022-09-13 05:40:06	175.37
紧水滩坝上水位[7183]	2022-09-13 06:05:12	175.36
紧水滩坝上水位[7183]	2022-09-13 06:35:17	175.36
紧水滩坝上水位[7183]	2022-09-13 07:35:28	175.36
紧水滩坝上水位[7183]	2022-09-13 07:55:36	175.37
紧水滩坝上水位[7183]	2022-09-13 08:35:43	175.37
紧水滩坝上水位[7183]	2022-09-13 09:00:51	175.36
紧水滩坝上水位[7183]	2022-09-13 09:35:57	175.36
紧水滩坝上水位[7183]	2022-09-13 10:46:16	175.37
紧水滩坝上水位[7183]	2022-09-13 11:06:21	175.35
紧水滩坝上水位[7183]	2022-09-13 11:26:26	175.36
紧水滩坝上水位[7183]	2022-09-13 11:31:30	175.35
紧水滩坝上水位[7183]	2022-09-13 11:36:33	175.34
紧水滩坝上水位[7183]	2022-09-13 11:41:40	175.36
紧水滩坝上水位[7183]	2022-09-13 11:46:44	175.35
紧水滩坝上水位[7183]	2022-09-13 12:06:49	175.36
紧水滩坝上水位[7183]	2022-09-13 12:16:54	175.34
紧水滩坝上水位[7183]	2022-09-13 12:20:25	175.34

图 3-9　数据修改提示

（四）图形展示

1. 图形输出

图形图像是水调自动化系统平台软件重要组成部分，系统图形输出格式为 PNG（Portable Network Graphics），这是一种采用无损压缩算法的位图格式，具有支持索引、灰度及 RGB 这 3 种颜色方案以及 Alpha 通道等特性。

2. 图形编辑

系统自带画面编辑器，画面编辑器是用于制作系统运行的画面。在画面编辑器中可编辑制作各种类型的图元，常用的图元包括基本形状、常用图标、通用图元、实时监控和调度计划等，同时还支持用户自定义扩展图元。

水调自动化系统编辑界面如图 3-10 所示。画面支持多图层、多视图视显示，可在编辑态和运行态之间自由切换。

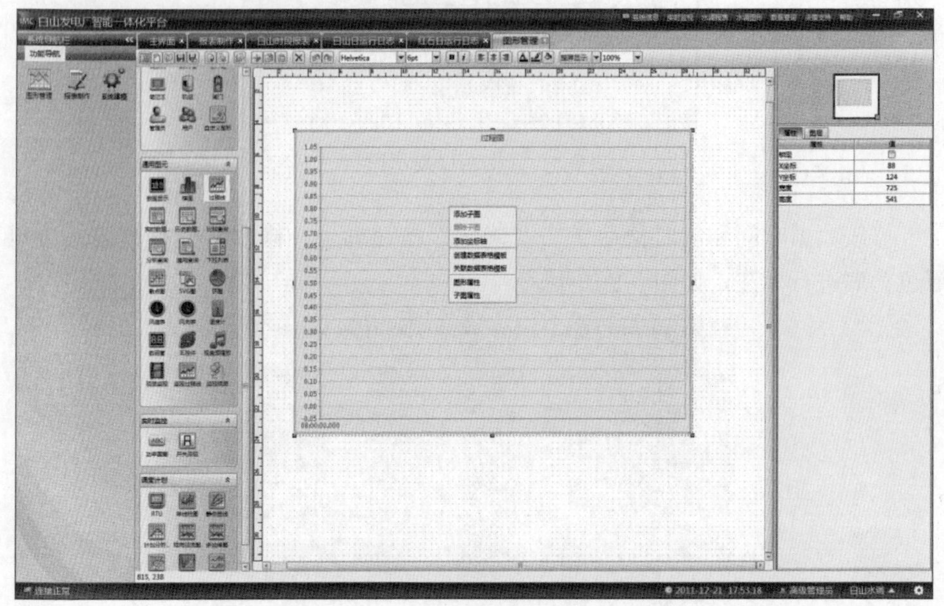

图 3-10　水调自动化系统编辑界面

（五）文档表格

报表软件分为报表模板组态环境和报表模板运行环境两部分。其中报表模板组态环境必须在客户端安装以后运行。报表模板运行环境分为客户机/服务器（Client/Server，C/S）浏览模式和浏览器/服务器（Browser/Server，B/S）浏览模式。C/S 浏览器运行在本机环境，B/S 浏览器基于 Internet 浏览器进行报表展示。报表组件的编辑模式与 C/S 运行模式可以在权限许可的情况下，灵活地进行切换。

1. 表格输出

报表系统输出可直接打印或导出到 Excel 格式、PDF 格式、Doc 格式以及 CAV 格式，通过不同格式输出提升系统数据应用范围。

2. 表格文档编辑

系统具备可视化编辑功能，在线实现表格和文档的编辑，编辑组态环境用来对报表进行模板的编辑，生成报表模板，供 C/S 浏览器、B/S 浏览器以及水务计算程序调用。

在报表制作软件中单击平台界面中左侧的功能导航键，在展开的功能选项卡中选择报表制作按钮，即可进入报表系统界面。单击报表图标，可进入报表编辑界面，如图 3-11 所示。

图 3-11 报表编辑界面

系统提供上百个各类型函数及语句用于表格和文档的编辑，通过文档编辑可现实固定格式文件的自动生成，减轻水调自动化系统人员的工作量。

第三节 网 络 结 构

一、网络组成

（一）单网结构

单网结构的水调自动化系统如图 3-12 所示，这种结构主要多应用于建设年限较早或系统相对较小的水电站，网络相对简单、各设备通过单一网络进行互联通信，交换机为网络核心通信设备，交换机损坏会导致整个系统无法正常工作，系统可靠性低。

（二）双网冗余结构

双网冗余结构的水调自动化系统由两个独立网络组成，所有设备具有双网

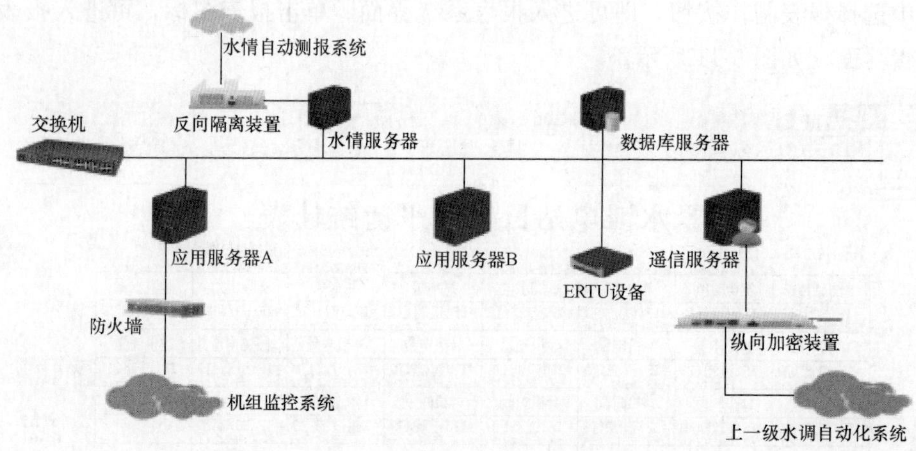

图 3-12　单网结构的水调自动化系统

口，分别接入不同网络，两个不同网段之间通过交换机做 VLAN 进行通信，如图 3-13 所示。这种结构下，单一硬件故障不影响系统正常运行，系统运行可靠性得到了提升。

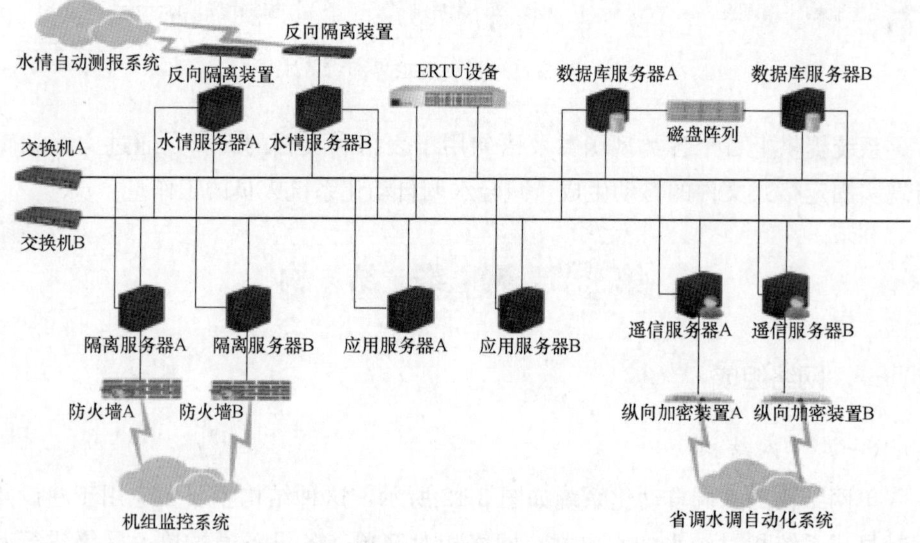

图 3-13　双网冗余结构的水调自动化系统

二、交换机

出于安全和管理方便的考虑，以及减小广播风暴的危害，水调自动化系统需要使用VLAN技术将不同网络进行互联互通。随着网间互访的不断增加，若单纯使用路由器来实现网间访问，会因为端口数量有限以及路由速度较慢而限制网络的规模和访问速度。因此，水调自动化系统采用三层交换机，如图3-14所示。

图3-14 三层交换机

三层交换机可在协议第三层替代或部分完成传统路由器的功能，同时又具有几乎第二层交换的速度，可确保系统网络正常运行和数据稳定传输。

（一）网口分配

在网口分配方面，建议根据水调自动化系统实际需求进行分配，可按服务器、工作站、外联设备分成3组，做好交换机网口分配图及相应标识，以便后期故障分析及处理。

（二）网段互联

水调自动化系统涉及两个不同网段，同时也需要接入生产控制大区中其他系统的数据，为了能实现不同网段的数据接入和确保通信正常，可在系统中部署单独三层交换机用于不同网络通信，在交换机中运用VLAN技术实现不同网络的数据互联互通。

三、隔离装置

此处以南瑞集团的SysKeeper-2000为案例进行说明，该设备在使用前需要进行注册并成功激活才能正常使用。

（一）隔离装置登录

在登录前需要将网线插入隔离装置相应的网卡。正向隔离需要将网线插入内网配置端口，反向隔离需要将网线插入外网配置端口。移动工作站的对应网卡的IP地址配置为11.22.33.XXX（保留44，该地址被保留给隔离装置）。

登录时运行桌面图标，然后打开配置程序并输入隔离装置地址后确认。隔离装置配置软件登录界面如图3-15所示。

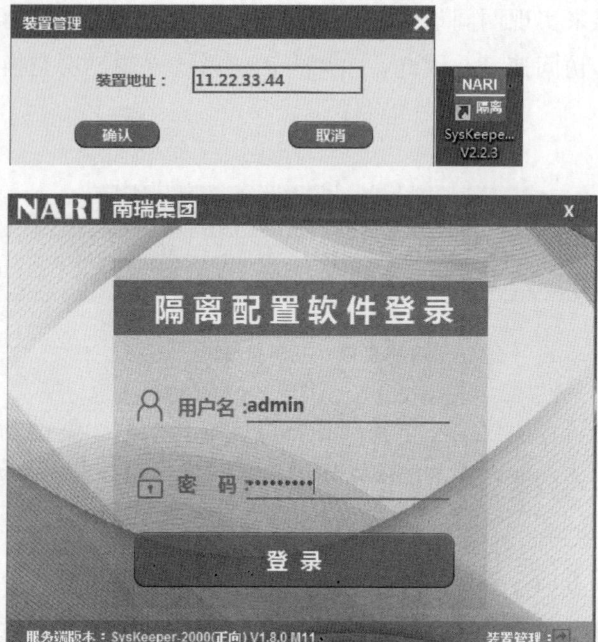

图 3-15 隔离装置配置软件登录界面

（二）隔离装置配置

登录配置程序后首先进行策略配置，选择“规则配置”→“策略配置”，如图 3-16 所示。

图 3-16 选择“规则配置”→“策略配置”

隔离装置配置策略如图 3-17 所示。配置完成后进行保存，然后对隔离装置进行断电 5s 以上再重新启动，启动后可再次选择“规则配置”→“策略配置”，查看是否已经完成配置。

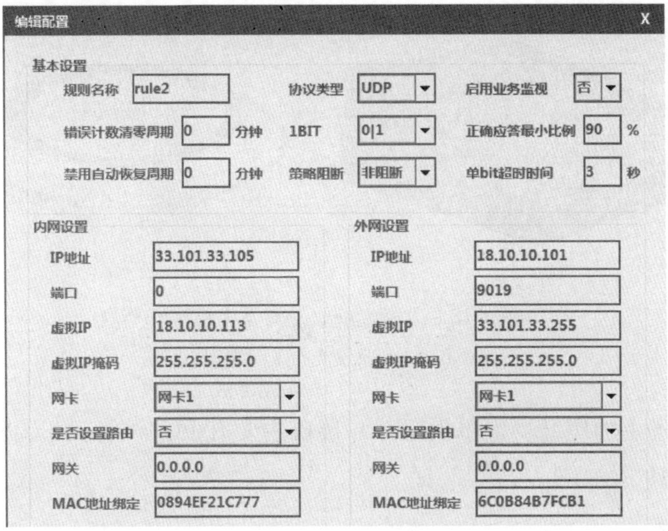

编辑配置　X

基本设置

规则名称	rule2	协议类型	UDP	启用业务监视	否
错误计数清零周期	0 分钟	1BIT	0|1	正确应答最小比例	90 %
禁用自动恢复周期	0 分钟	策略阻断	非阻断	单bit超时时间	3 秒

内网设置		外网设置	
IP地址	33.101.33.105	IP地址	18.10.10.101
端口	0	端口	9019
虚拟IP	18.10.10.113	虚拟IP	33.101.33.255
虚拟IP掩码	255.255.255.0	虚拟IP掩码	255.255.255.0
网卡	网卡1	网卡	网卡1
是否设置路由	否	是否设置路由	否
网关	0.0.0.0	网关	0.0.0.0
MAC地址绑定	0894EF21C777	MAC地址绑定	6C0B84B7FCB1

图 3-17　隔离装置配置策略

（三）隔离装置测试

测试隔离装置可采用网络测试命令 Ping 进行，内网的命令为：

ping 33.101.33.255 -l 996

外网的命令为：

ping 18.10.10.113 -l 996

如果可以 ping 通，则进入 securityclient 和 securityserver 对程序进行配置。

四、光纤收发器

光纤收发器也被称为光电转换器（Fiber Converter），具有超低时延数据传输、对网络协议完全透明、多采用专用 ASIC 芯片实现数据线速转发、设备多采用 1+1 电源设计等优点，支持超宽电源电压，可实现电源保护和自动切换，还支持超宽的工作温度范围，支持 0～120km 齐全的传输距离。

光纤收发器有多模和单模两种类型，不管是哪种光纤收发器，都必须成对使用，否则可能出现通信异常或不能通信等问题。

（一）多模双纤

多模光纤收发器正常传输距离 2～5km，适合短距离的光纤通信，尾纤一般为橘红色，如图 3-18 所示。多模光纤收发器目前较少使用，市场上基本上只有双纤类型的产品。

(a)　　　　(b)

图 3-18　多模光纤收发器及多模尾纤

(a) 多模光纤收发器；(b) 多模尾纤

目前市场上的尾纤（含单模尾纤）接口主要有 FC、SC、LC、ST 这 4 种类型，如图 3-19 所示。

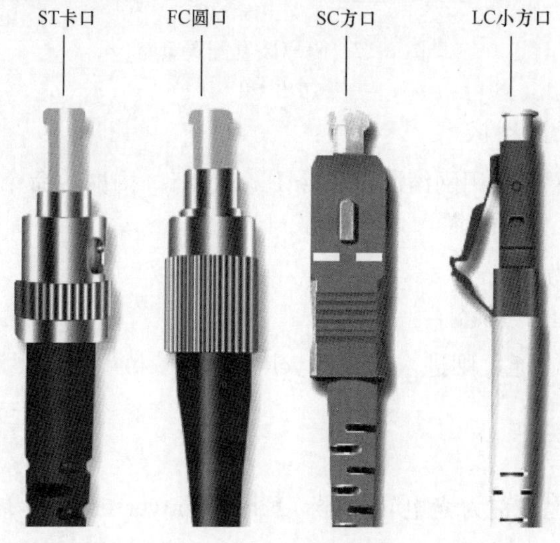

图 3-19　尾纤接口类型

（二）单模双纤

单模双纤收发器覆盖的范围为 20～120km。需要指出的是，因传输距离的不同，光纤收发器本身的发射功率、接收灵敏度和使用波长也会不一样。如 20km 光纤收发器的发射功率一般为－15～－7dB，接收灵敏度为－30dB，使用 1310nm 的波长；而 120km 光纤收发器的发射功率多为－5～0dB，接收灵敏度为－38dB，使用 1550nm 的波长。目前使用较多的是 10/100M 自适应的光纤收发器和 1000M 光纤收发器。

单模双纤收发器特点主要是有 TX 口（发射口）与 RX 口（接收口），发射和接受一样的波长，都是 1310nm。目前市场上的单模尾纤主要以黄色、蓝色为主。单模光纤收发器及单模尾纤如图 3-20 所示。

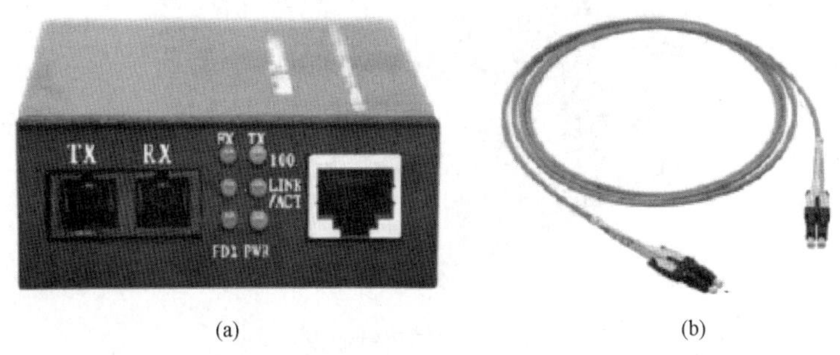

(a)　　(b)

图 3-20　单模光纤收发器及单模尾纤

（a）单模光纤收发器；（b）单模尾纤

接线时，采用的平行的两根光纤交叉连接，不同型号通信距离不一样，需要根据实际情况进行选购。单模双纤收发器连接方法如图 3-21 所示。

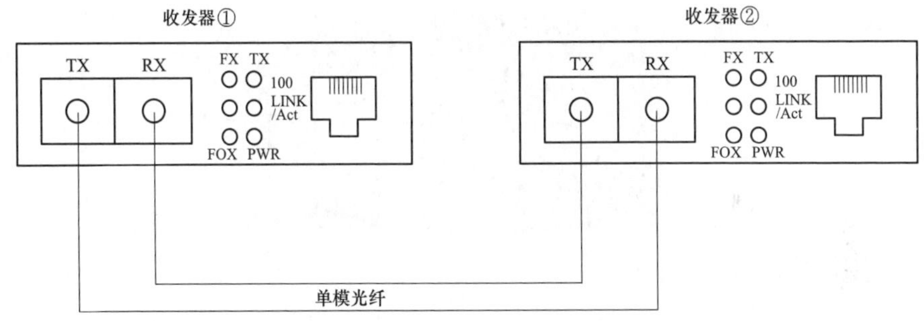

图 3-21　单模双纤收发器连接方法

（三）单模单纤

单模单纤收发器只有一个口，它使用波分复用技术，将两束不同波长（通常为 1310nm 和 1550nm）的光信号在一根光纤传输，从而实现发送与接收。单模单纤的优点是可以节省一半光纤资源，缺点是目前没有统一的国际标准，各厂商生产的产品兼容性一般，并且稳定性比双纤产品稍差。单模单纤收发器如图 3-22 所示。

（四）常见故障判断

光纤收发器通常有 6 个指示灯，指示灯是判断故障的依据，此处以 10/

图 3-22　单模单纤收发器

100M 自适应光纤收发器为例作说明，如图 3-23 所示。

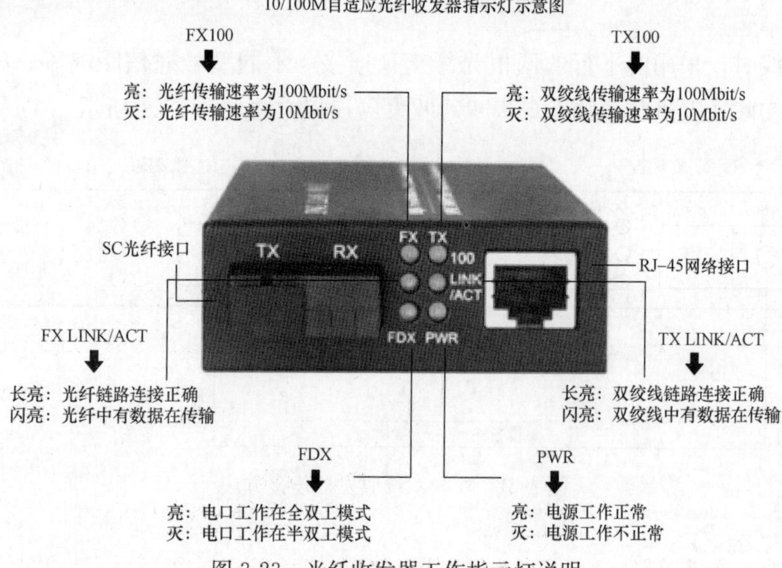

图 3-23　光纤收发器工作指示灯说明

主要故障判断：

（1）PWR 灯不亮：如果 PWR 灯不亮，正常情况下其他灯也应该不亮，这种情况下需要检查光纤收发器电源，确认电源正常。

（2）TX Link/AcT 灯不亮：光纤收发器 RJ-45 接口输出到接收端设备链路异常，需要检查网线是否正常或接收端设备是否正常。

（3）FX Link/AcT 灯不亮：光纤收发器光纤链路异常，需要检查尾纤和与尾纤连接的设备，确认相关设备是否正常。

五、集中型协议转换器

协议转换器在水调自动化系统中主要用于数据量少的实时数据采集通道，设备采用人机友好界面，操作简单方便，无须安装其他软件，硬件连接无误后，打开电脑操作系统自带的超级终端软件，设置好后即可使用。网管界面能够对本端和远端设备状态进行全面监控，方便用户及时发现设备故障，还能配置设备的工作模式，且支持掉电储存，无须每次上电后重新设置。

（一）设备外形

集中型协议转换器前后板如图 3-24 所示。

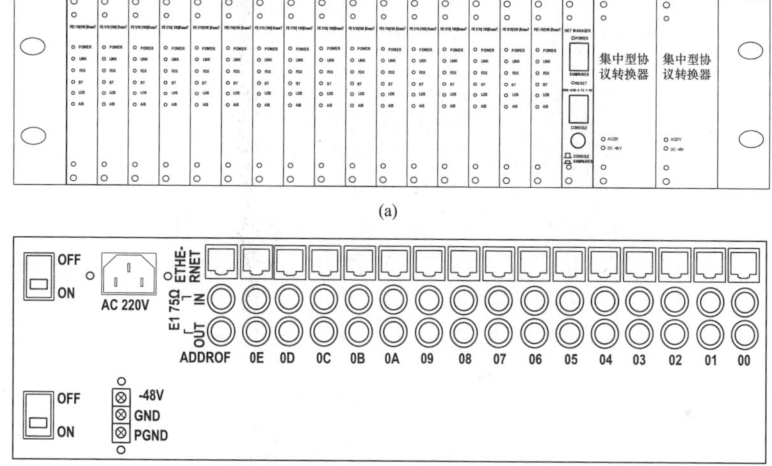

图 3-24 集中型协议转换器前后板

（a）前面板；（b）后面板

（二）接口连接与配置

PC 机与网管卡之间通信使用串行异步传输的方式，波特率为 9600bit/s，无校验方式，数据位的个数 8 位，停止位个数 1 位。

1. 硬件连接

管理接口采用简化 RS-232 接口与 PC 机串口相连，只需连接 RxD、TxD、GND 这 3 根信号线。RS-232 接口与 PC 机串口的连接如图 3-25 所示。

2. 软件设置

当 PC 与网管卡之间硬件连接无误后，打开操作系统自带的超级终端，进行

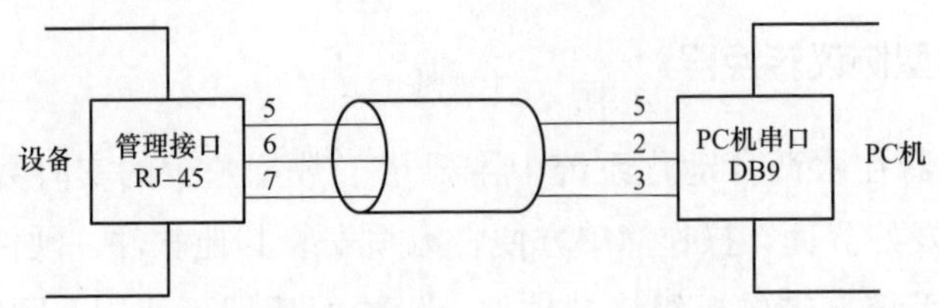

图 3-25　RS-232 接口与 PC 机串口的连接

如下设置。

（1）选择“开始”→“程序”→“附件”→“通信”→“超级终端”，在弹出的“连接描述”对话框中输入名称（任意），然后单击“确定”按钮，如图 3-26 所示。

（2）选择“连接时使用”下拉菜单中的 COM1（根据实际硬件连接的 COM 号选择），单击“确定”按钮，如图 3-27 所示。

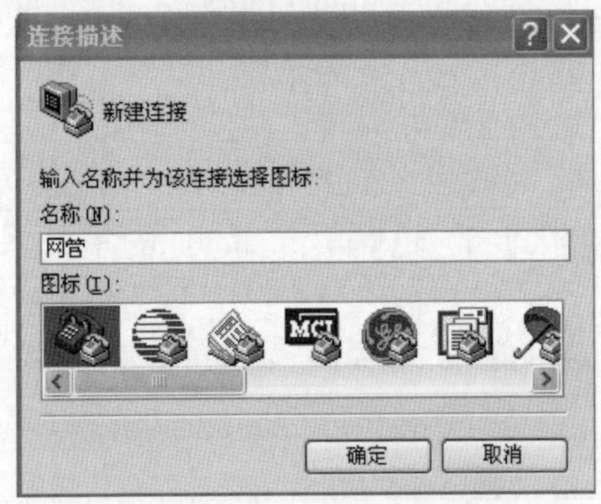

图 3-26　“连接描述”对话框

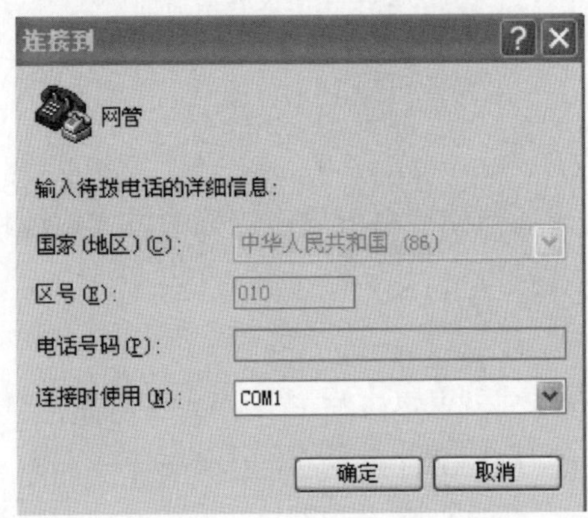

图 3-27　选择“连接时使用”的端口

（3）在“每秒位数”下拉菜单中选择 115 200；“数据位”选择 8；“奇偶校验”选择“无”；“停止位”选择 1；数据流控制选择“无”。全部设置后，单击“确定”按钮，如图 3-28 所示。

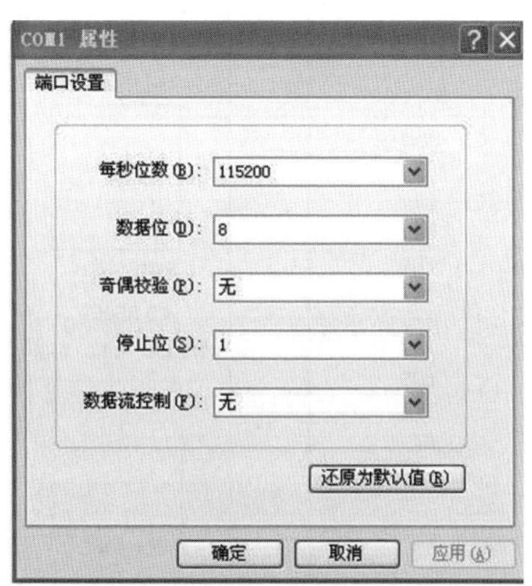

图 3-28 端口设置

（三）FE1/10(100)BaseT 适配卡

FE1/10(100)BaseT 适配卡如图 3-29 所示，可实现以太网数据在 E1 线路中透明传输和分时隙传输，带宽范围 64～2048Kbit/s，具备以太网的自动协商功能，支持全双工/半双工的工作方式，能传输 IEEE 802.1Q 规定的超长帧，支持带有 VLAN 功能的以太网交换机，具有本地数据帧过滤功能，自动识别供交叉和直通网线。

（1）POWER。电源指示灯，正常工作时灯亮。

（2）LINK。以太网连接指示灯，灯亮时表示已和其他设备如计算机、交换机处于连接状态，闪烁表示有数据收或发。

（3）FDX。以太网全双工、半双工指示灯，灯亮时表示全双工，灭时表示半双工。该指示灯在以太网口有连接时有效。

（4）BT。以太网口速率指示灯，速率为 100Mbit/s 时灯亮，速率为 10Mbit/s 时灯不亮，该指示灯在以太网口有连接时有效。

（5）LOS。灯亮时表示 E1 信号丢失。

（6）AIS。灯亮时表示 E1 线路有告警指示，通常为对端转换器没有和传输设备正常连接。

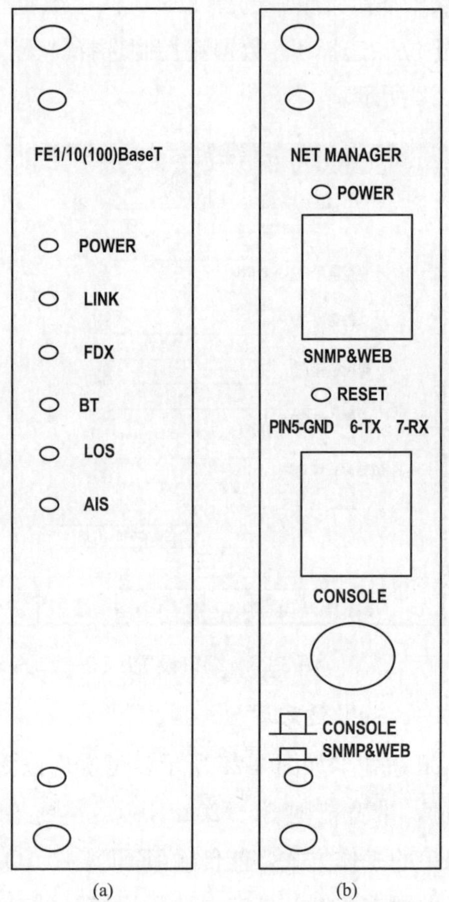

图 3-29 FE1/10(100)BaseT 适配卡

(a) 正面；(b) 背面

第四节 高 级 应 用

一、短期计划编制

短期计划主要应用于短期内水库运行方案的编制，运用水调自动化系统编制可操作的短期发电方案用于上报相关部门，为水电厂短期运行提供决策依据。

（一）数据准备

短期发电计划编制前需要准备计划期间的降水预报数据、机组检修计划以及水库上、下游施工及用水需求等。

（二）计算步骤

（1）选择菜单栏的“短期发电计划”。

（2）根据计划编制需求选择调度模型。共有短期单库混合控制模式、短期典型负荷电量分配模型及紧水滩短期发电特殊模型 3 种，如图 3-30 所示。

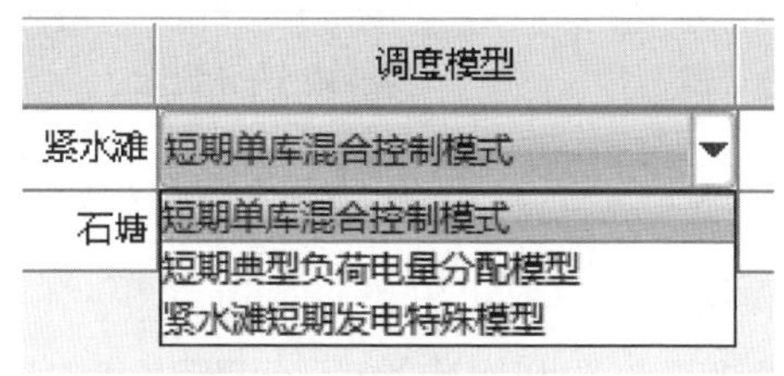

图 3-30 调度模型选项

1）短期单库混合控制模式。主要应用于单库调度，不考虑下游水库的运行方式。

2）短期典型负荷电量分配模型。主要应用于多库联调，将下游水库与上游水库作为一个整体进行自动负荷分配，实现流域调度最优化。

3）紧水滩短期发电特殊模型。主要应用于紧水滩、石塘水库联合调度，是一种特殊模型。

（3）预报流量提取。需要提前计划编制时间段内时段预报流量，时段流量可进行人工干预。“预报流量提取”对话框如图 3-31 所示。

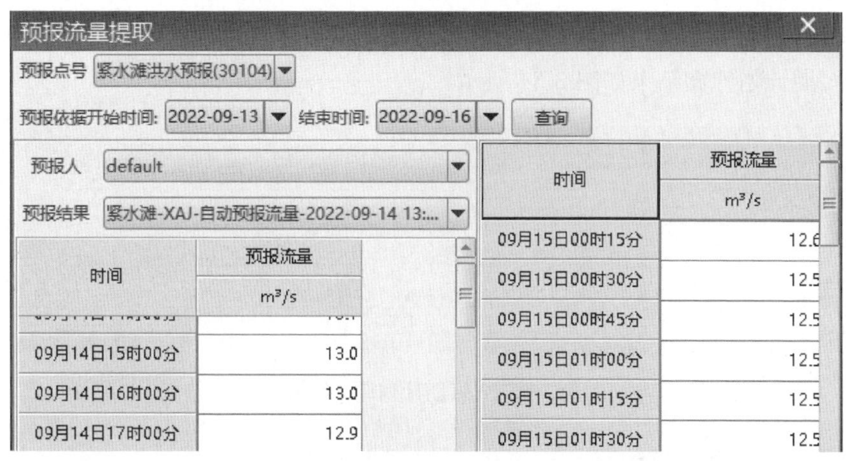

图 3-31 “预报流量提取”对话框

（4）选择梯级关系。此处可选择独立计算还是梯级联算，如图 3-32 所示。

（5）选择流量关系。如图 3-33 所示，此处可选择采用最近平均流量、历史流量或历史平均流量，具体可根据实际情况进行选择。

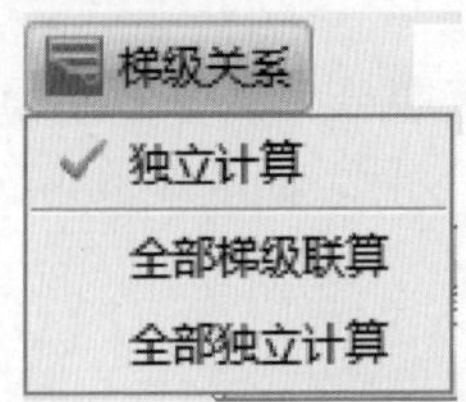

图 3-32　选择梯级关系

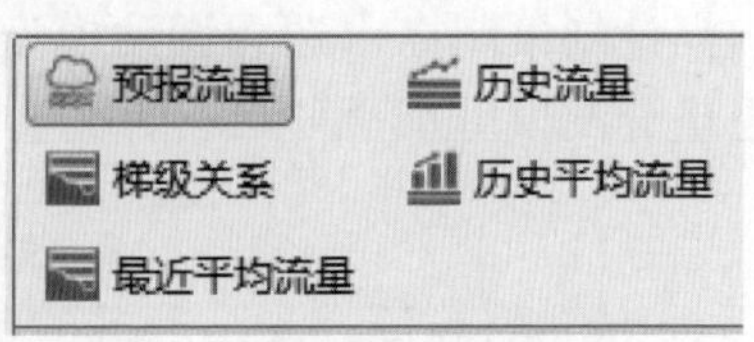

图 3-33　选择流量关系

（6）约束值选择和输入。根据机组检修计划或上、下游施工或用水需求对约束值进行修改，可修改内容包括水库水位、可发电机组台数、初始入库流量、上下库传播时间、耗水率、时段出库（用于限制不同时段的发电流量，适用于下游有施工要求、供水要求或上游有水位控制要求）、时段最大最小出力（适用于机组运行要求）、运行模式等，具体需要根据计划编制要求进行合理选择。

（三）方案选择

制作短期发电计划时，需要根据实际情况选择方案。通常多选择梯级方案进行短期计划编制，方案选择后要充分考虑限制条件的输入。

（四）成果输出及检查

成果输出具有表格形式、图形形式等，可根据实际情况进行选择，各种形式均提供保存到 Excel 或 PNG 等通用格式，成果检查主要是看计划电量、出库水量等是否满足需求，如果不满足可以进行反复计算直到符合要求为止。

短期计划计算结果如图 3-34 所示。

库群结果　梯级负荷图　单站结果　结果-表格(日统计)　机组出力

时间	紧水滩																	
	净水头	水头损失	发电流量	发电水量	其它出库流量	其它出库水量	弃水流量	弃水水量	出库流量	出库水量	电站出力	电站电量	水库蓄能	耗水率	日均电量	装机台数	装机容量	预想出力
	m	m	m³/s	百万m³	m³/s	百万m³	m³/s	百万m³	m³/s	百万m³	MW	万kW.h	万kW.h	m³/kW.h	万kW.h	台	MW	MW
22年12月26日00时00	62.64	0.00	51.9	0.047	0.0	0.000	0.0	0.000	51.9	0.047	26.01	0.65	308.10	7.19	62.44	6.0	305.00	273.87
22年12月26日00时15	62.64	0.00	51.9	0.047	0.0	0.000	0.0	0.000	51.9	0.047	26.01	0.65	308.10	7.19	62.44	6.0	305.00	273.87
22年12月26日00时30	62.64	0.00	51.9	0.047	0.0	0.000	0.0	0.000	51.9	0.047	26.01	0.65	308.10	7.19	62.44	6.0	305.00	273.87
22年12月26日00时45	62.65	0.00	51.8	0.047	0.0	0.000	0.0	0.000	51.8	0.047	25.92	0.65	308.10	7.19	62.20	6.0	305.00	273.87
22年12月26日01时00	62.65	0.00	51.8	0.047	0.0	0.000	0.0	0.000	51.8	0.047	25.92	0.65	308.10	7.19	62.20	6.0	305.00	273.87
22年12月26日01时15	62.65	0.00	51.8	0.047	0.0	0.000	0.0	0.000	51.8	0.047	25.92	0.65	308.10	7.19	62.20	6.0	305.00	273.87
22年12月26日01时30	62.65	0.00	51.8	0.047	0.0	0.000	0.0	0.000	51.8	0.047	25.92	0.65	308.10	7.19	62.20	6.0	305.00	273.87
22年12月26日01时45	62.65	0.00	51.6	0.046	0.0	0.000	0.0	0.000	51.6	0.046	25.82	0.65	308.10	7.20	61.96	6.0	305.00	273.88
22年12月26日02时00	62.65	0.00	51.6	0.046	0.0	0.000	0.0	0.000	51.6	0.046	25.82	0.65	308.10	7.20	61.96	6.0	305.00	273.88
22年12月26日02时15	62.65	0.00	51.6	0.046	0.0	0.000	0.0	0.000	51.6	0.046	25.82	0.65	308.10	7.20	61.96	6.0	305.00	273.88

图 3-34　短期计划计算结果

二、中长期计划编制

（一）数据准备

中长期发电计划编制主要用于指导未来一段时间内水库的运行方式，编制前主要要准备降水量数据、影响发电的设备检修计划、影响发电的水库上下游施工计划和下游供水计划，对相关计划进行分析并整理成输入计划编制程序的数据集合。

（二）计算步骤

（1）新建方案并选择调度模型。调度模型有5个选项，具体可根据计划编制目的、要求进行选择。

（2）时间选择。可以以月或旬为单位进行选择，如图3-35所示。

图3-35　时间选择

（3）降水量输入。降水量输入窗口如图3-36所示，可选择直接输入降水量，也可选择中长期不同气象台预报数值（气象台预报数值需要提前录入数据库），输入降雨量后需要单击“计算”按钮，完成降雨量到流量的计算。

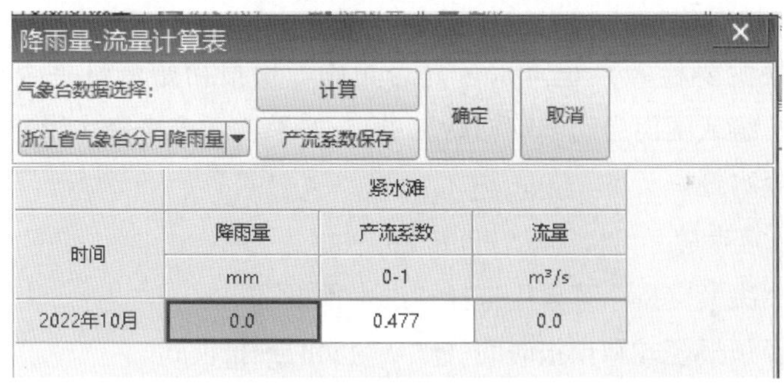

图3-36　降水量输入窗口

（4）单击“下一步”按钮，完成计划编制。

（三）方案选择

中长期计划方案主要可选择采用经验频率来水（有50%、70%、80%等多个）、历史同期来水、历史平均来水、降水预报等多种方案选择，一般情况在中长期气象预报没有发布前需要做计划时考虑用经验频率来水进行编制，特殊情况也可选择采用历史平均来水进行选择，有气象台发布的中长期降雨预报时，建议采用降雨模型进行编制。

（四）成果输出及检查

成果输出具有表格形式、图形形式等，可根据实际情况进行选择，各种形式均提供保存到 Excel 或 PNG 等通用格式，成果检查主要是看计划电量、出库水量等是否满足需求，如果不满足可以进行反复计算直到符合要求为止。

中长期计划计算结果如图 3-37 所示。

库群结果 | 梯级负荷图 | 单站结果 | 调度图 | 结果-表格(年统计)

时间		2022年10月	最大	最大值时间	最小	最小值时间	平均	累计
水库蓄能	万kW.h	4214.00	4214.00	2022年10月	4214.00	2022年10月	4214.00	
耗水率	m³/kW.h	5.95	5.95	2022年10月	5.95	2022年10月	5.95	
日均电量	万kW.h	72.72	72.72	2022年10月	72.72	2022年10月	72.72	72.72
装机台数	台	6.0	6.0	2022年10月	6.0	2022年10月	6.0	
装机容量	MW	305.00	305.00	2022年10月	305.00	2022年10月	305.00	
可调出力	MW	300.00	300.00	2022年10月	300.00	2022年10月	300.00	
入出变量	m³/s	-40.3	-40.3	2022年10月	-40.3	2022年10月	-40.3	

图 3-37　中长期计划计算结果

三、洪水预报

（一）数据准备

洪水预报主要检查系统降水量是否正确，预报初始流量是否符合实际情况（可能因机组或闸门启闭影响初始流量），如果考虑未来降水影响时，需要准备未来时段降水量。

（二）计算步骤

（1）在“决策支持”菜单中选择“洪水预报”。

（2）选择预报模式和预报时间（默认为实时预报模式）。

（3）选择或输入预报对象和条件设置，主要是预报时段、历史校正时段等参数选择，如图 3-38 所示。

（4）预报历史序列查询修改。根据预报需求，可对实际发生的预报历史序列进行修改，用于提升预报精度。

（5）未来降雨输入。主要用于洪水预测，采用预测模式，预报结果相对较低，可作为防洪调度参考依据，不建议用于实际调度决策。

（6）选择完数据后，单击“下一步”按钮，完成预报。

（三）参数选择

洪水预报参数选择主要是边界流量设置（如出库限制等）、预报时段、修正

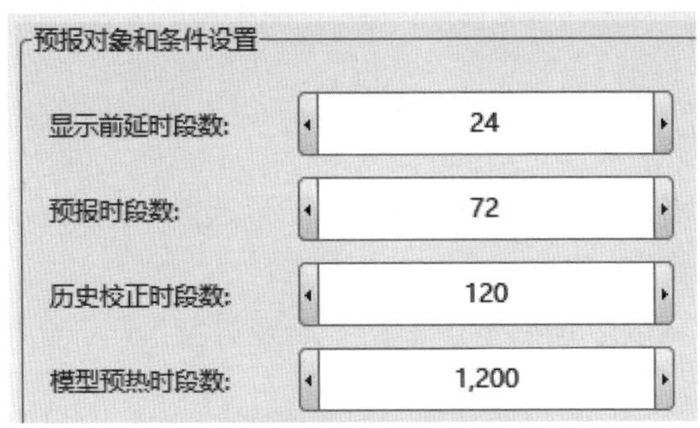

图 3-38　输入预报对象和条件设置

时段选择等，参数的选择会影响预报结果的精度，因此在实际预报中需要根据实际情况进行调整。

（四）成果输出

成果输出提供表格和图形输出，图形中包含预报流量、实际降雨量、实测流量等数据等。

洪水预报结果如图 3-39 所示。

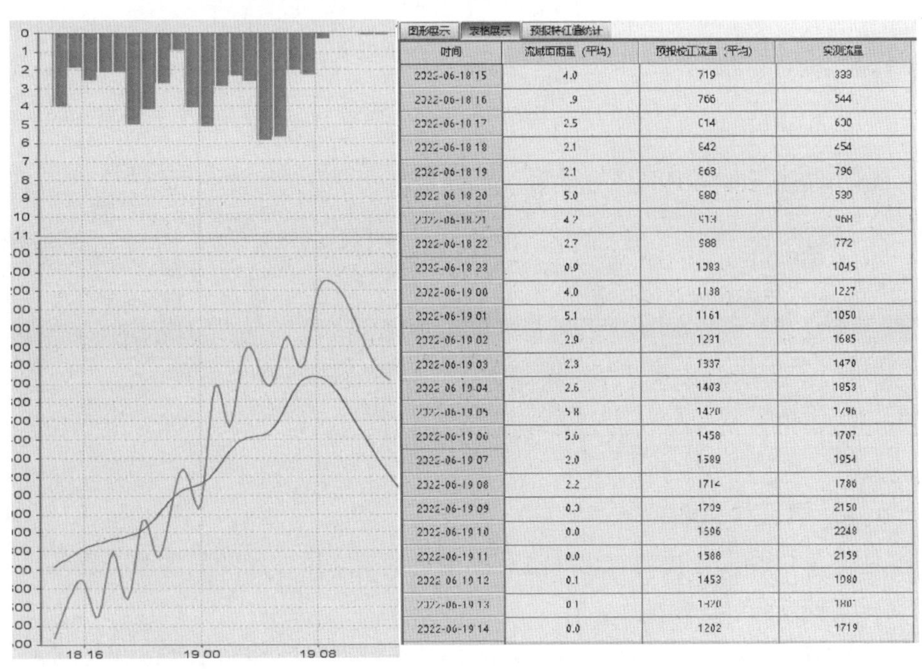

时间	流域面雨量（平均）	预报校正流量（平均）	实测流量
2022-06-18 15	4.0	719	333
2022-06-18 16	.9	766	544
2022-06-10 17	2.5	814	630
2022-06-18 18	2.1	842	454
2022-06-18 19	2.1	863	796
2022 06 18 20	5.0	880	530
2022-06-18 21	4.2	913	468
2022-06-18 22	2.7	988	772
2022-06-18 23	0.9	1083	1045
2022-06-19 00	4.0	1138	1227
2022-06-19 01	5.1	1161	1050
2022-06-19 02	2.9	1231	1685
2022-06-19 03	2.3	1337	1470
2022 06 19 04	2.6	1403	1853
2022-06-19 05	5.8	1420	1796
2022-06-19 06	5.6	1458	1707
2022-06-19 07	2.0	1589	1954
2022-06-19 08	2.2	1714	1786
2022-06-19 09	0.3	1709	2150
2022-06-19 10	0.0	1596	2248
2022-06-19 11	0.0	1588	2159
2022 06 19 12	0.1	1453	1980
2022-06-19 13	0.1	1420	1807
2022-06-19 14	0.0	1202	1719

图 3-39　洪水预报结果

四、调洪演算

（一）洪水选择

调洪演算在洪水选择中主要依据时间进行选择，系统自动提取预报结果进行洪水调度。选择步骤如下。

（1）在“防洪调度”选项卡中单击“新建方案”，勾选“紧水滩”“石塘”，如图 3-40 所示。

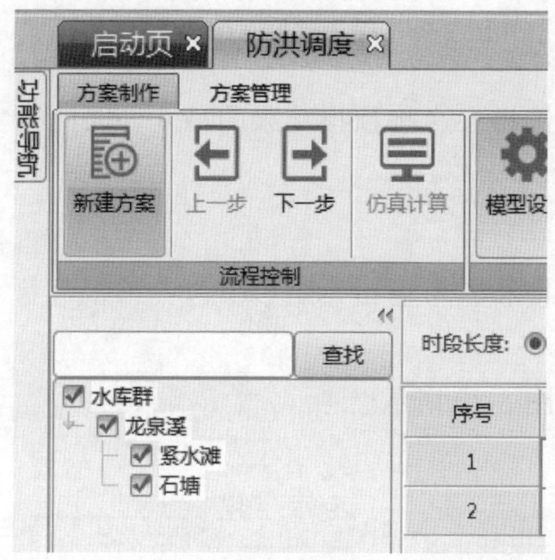

图 3-40 新建方案

（2）选择需要调洪演算的时间，如图 3-41 所示。

图 3-41 选择需要调洪演算的时间

（二）调度模型选择

如图 3-42 所示，主要有出库过程控制、期末水位控制及紧水滩石塘防洪调度规程 3 种方案可供选择。

正常情况下，采用调度规程方案进行洪水调度方案编制依据，出库过程控制和期末水位控制一般是在地方防汛部门对洪水调度有特殊要求情况下使用。

序号	计算对象	调度模型
1	紧水滩	期末水位控制
2	石塘	出库过程控制 期末水位控制 紧水滩石塘防洪调度规程

图 3-42　调度模型选择

这里可以根据调洪需求进行选择，紧水滩、石塘两库联合调度时建议选择采用调度规程进行编制方案，如果只是石塘电站进行调洪时，可根据具体情况选择出库过程控制或期末水位控制。

（三）参数选择

在执行方案编制时需要对约束条件进行选择，主要步骤如下。

（1）出库流量及计划约束。正常情况下，不考虑出力计划，出库流量及计划约束如图 3-43 所示。

制作步骤　　数据提取

约束-单点值集合　约束-单点值　约束-过程值

项目	期初水位	当前出库流量	是否考虑出力计划
单位	m	m^3/s	
紧水滩	179.82	409.8	☐
石塘	101.67	432.8	☐

图 3-43　出库流量及计划约束

（2）单库约束。主要在考虑单库调洪时选择，单库调洪选项如图 3-44 所示。

（3）过程约束。过程约束是调洪演算的重要步骤，洪水期间如果下游有出库控制、发电约束等情况可在此处进行修改，具体可以到以小时为单位的约束。过程约束选项如图 3-45 所示。

（四）成果输出

约束条件配置完成后，单击“下一步”进行方案输出。方案将以表格形式进行展示，具体操作时可将方案导出到 Excel，然后进行修改、编辑，最终形成完整的调洪方案。调洪演算成果如图 3-46 所示。

项目	紧水滩	
	单位	值
期初水位	m	179.82
当前出库流量	m³/s	409.8
峰谷差值		
峰现时间间隔		
是否考虑出力计划		☐

图 3-44　单库调洪选项

时间	紧水滩					
	入库预报	计划出力	最低水位	最高水位	最小出库	最大出库
	m³/s	MW	m	m	m³/s	m³/s
06月18日10时	1268.54	0.00	164.00	185.00	0.0	6177.0
06月18日11时	1268.54	0.00	164.00	185.00	0.0	6177.0
06月18日12时	1268.54	0.00	164.00	185.00	0.0	6177.0
06月18日13时	1268.54	0.00	164.00	185.00	0.0	6177.0
06月18日14时	1268.54	0.00	164.00	185.00	0.0	6177.0
06月18日15时	1268.54	0.00	164.00	185.00	0.0	6177.0
06月18日16时	1268.54	0.00	164.00	185.00	0.0	6177.0
06月18日17时	1268.54	0.00	164.00	185.00	0.0	6177.0
06月18日18时	1268.54	0.00	164.00	185.00	0.0	6177.0

图 3-45　过程约束选项

五、节能考核

（一）数据准备

节能考核主要准备数据有期初期末水位、旬入库流量、发电量、设备检修或其他原因导致的发电约束数据等，正常情况下数据不要进行任何修改或录入。

库群结果 | 单站结果 | 机组出力 | 闸门启闭计划

时间	石塘													
	期初水位	期初库容	期末水位	期末库容	平均水位	平均库容	平均尾水位	可调库容	毛水头	净水头	发电流量	发电水量	弃水流量	弃水水
	m	百万m^3	m	百万m^3	m	百万m^3	m	百万m^3	m	m	m^3/s	百万m^3	m^3/s	百万m
06月18日10时	101.97	70.530	102.52	74.156	102.24	72.343	79.95	9.376	22.88	22.88	417.2	1.502	3309.2	11
06月18日11时	102.52	74.156	102.52	74.156	102.52	74.156	85.72	9.376	16.49	16.49	348.2	1.254	4384.7	15
06月18日12时	102.52	74.156	102.52	74.156	102.52	74.156	85.72	9.376	16.49	16.49	348.2	1.254	4384.0	15
06月18日13时	102.52	74.156	102.52	74.156	102.52	74.156	85.72	9.376	16.49	16.49	348.2	1.254	4383.3	15
06月18日14时	102.52	74.156	102.52	74.156	102.52	74.156	85.72	9.376	16.49	16.49	348.2	1.254	4382.6	15
06月18日15时	102.52	74.156	102.52	74.156	102.52	74.156	85.72	9.376	16.49	16.49	348.2	1.254	4381.9	15

库群结果 | 单站结果 | 机组出力 | 闸门启闭计划

闸门	石塘1#闸门	石塘2#闸门	石塘3#闸门	石塘4#闸门	石塘5#闸门
闸门类型(开度类型)	平板门(绝对开度)	平板门(绝对开度)	平板门(绝对开度)	平板门(绝对开度)	平板门(绝对开度)
06月18日10时00分	0.00	0.00	0.00	0.00	0.00
06月18日10时14分	6.30	6.30	6.30	6.30	6.30
06月18日11时00分	6.82	6.82	6.82	6.82	6.82
06月18日13时00分	6.82	6.82	6.82	6.82	6.82
06月18日15时00分	6.82	6.82	6.82	6.82	6.82
06月18日17时00分	6.81	6.81	6.81	6.81	6.81
06月18日19时00分	6.81	6.81	6.81	6.81	6.81
06月18日21时00分	6.81	6.81	6.81	6.81	6.81
06月18日23时00分	6.80	6.80	6.80	6.80	6.80
06月19日01时00分	6.80	6.80	6.80	6.80	6.80
06月19日03时00分	6.80	6.80	6.80	6.80	6.80

图 3-46 调洪演算成果

（二）计算步骤

（1）选择电站。正常情况联合调度的电站均选择。

（2）选择计算时间。计算时间的选择如图 3-47 所示。

约束-单点值 | 初始-过程值 | 约束-过程值 | 约束-机组检修 | 约束-可用机组台数

时间	紧水滩紧		
	紧水滩1#机组	紧水滩2#机组	紧水滩3#机组
2022年01月01日	☐	☐	☐

图 3-47 计算时间的选择

（3）初始化数据。需要检查期初期末水库水位是否正确。考虑到因机组、线路以及其他原因造成的无法正常或限制发电等因素，约束过程数据需要手工录入，若输入界面没有对应项，可将其转换为蒸发、机组等有对应项的数据进行输入。

（4）单击“考核计算”按钮，完成整个计算过程。

（三）数据保存及输出

计算结果可以保存到数据库、文件，可以导出为表格或图形格式，如图 3-48 所示：

图 3-48　计算数据保存及输出

【案例 3-1】 洪水资料整编。

本案例以 2022 年 6 月 20 日洪水为例进行洪水资料整编。

1. 洪水场次选择

（1）在“次洪管理”窗口选择 6 月份，系统将把整个月的降水量、流量过程以图形方式展示。洪水流量过程线如图 3-49 所示。

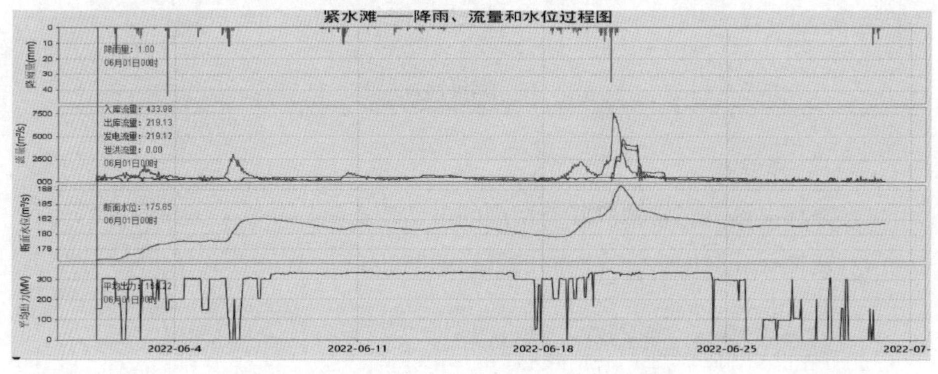

图 3-49　洪水流量过程线

（2）过程选择。在图形上拖动鼠标选择洪水过程，也可以直接在“洪水摘录控制”对话框输入时间，如图 3-50 所示。

（3）完成洪水资料摘录。洪水资料摘录成果如图 3-51 所示。

2. 成果检查

对摘录成果进行合理性检查，如果有问题可以进行再次校正。“校正特征值”对话框如图 3-52 所示。

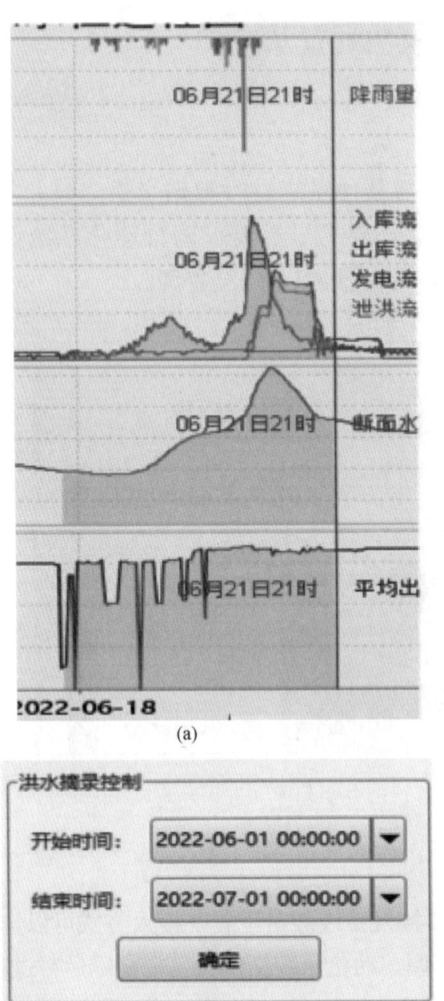

(a)

(b)

图 3-50　过程选择

（a）鼠标拖动选择；（b）直接时间选择

要素	特征值
洪号	2022062016
洪水开始时间	2022-06-18 10
洪水结束时间	2022-06-22 08
降雨开始时间	2022-06-18 11
降雨结束时间	2022-06-20 19
径流总量(亿m³)	5.81
径流持续时间(小时)	94
总降雨量(mm)	128.0
降雨持续时间(小时)	56
总出库水量(亿m³)	4.57
出库流量持续时间(小时)	56
径流深(mm)	210.3
径流系数	1.643
径流模数(L/s*km²)	614.9
最大出库流量(m³/s)	4568
最大出库流量时间(时)	2022-06-21 01
洪峰流量(m³/s)	7537
洪峰流量时间(时)	2022-06-20 16
24h洪量(亿m³)	3.22
24h洪量时间(时)	2022-06-20 07
3d洪量(亿m³)	5.37
3d洪量时间	2022-06-18 21
5d洪量(亿m³)	5.81
5d洪量时间(时)	2022-06-18 10
5d洪量(亿m³)	5.81

图 3-51　洪水资料摘录成果

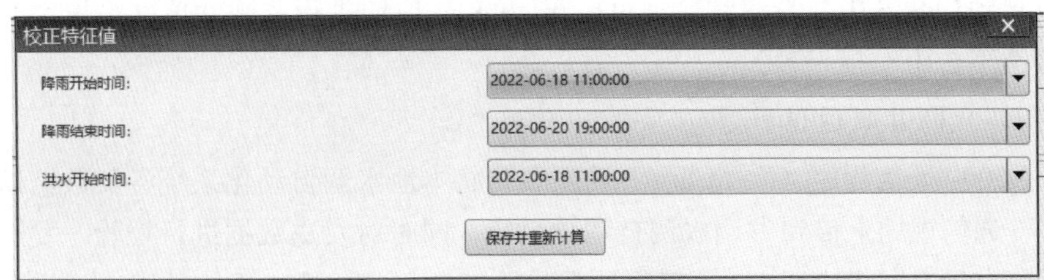

图 3-52　“校正特征值”对话框

第五节　功能模块配置及维护

一、通信服务器

通信服务器的主要功能是实现系统与其他系统进行数据交换，服务器运行的主要程序多为通信程序，服务器故障会造成与上级水调自动化系统和同级ERTU、地调水调自动化系统通信中断，影响数据上传至省调。

通信服务器运行的主要程序（进程）如图3-53所示。

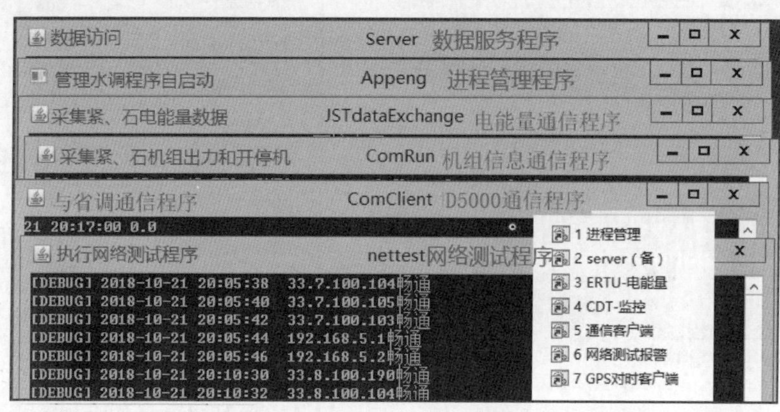

图3-53　通信服务器运行的主要程序（进程）

（一）网络配置及测试

通信服务器网络主要根据通信服务器接入系统数量配置，接入方式可以选择直接接入通信服务器网口，也可选择接入水调自动化系统交换机。在实际运行过程中，建议接入通信服务器实现数据的接入和上传，这种方式安全性相对较高。

配置好网络的IP地址等信息后，需要运用网络测试命令对网络进行测试，确保网络信息配置正常，为了确保通信正常，需要将通信对方的IP信息更新到水调自动化系统中，系统将自动对更新后的IP地址进行监视，单网络异常时会在系统平台中实现报警。

（二）D5000通信程序

D5000通信程序（ComClient）主要负责将本地水调自动化系统各类数据通过DL476通信规约上传到省调水调自动化系统，同时对发送数据进行校验，发送成功后将自动返回相应的标志，确保数据传输正常可靠，检查通信是否正常需要查看ComClient程序窗口时间是否为最新。D5000通信程序界面如图3-54所示。

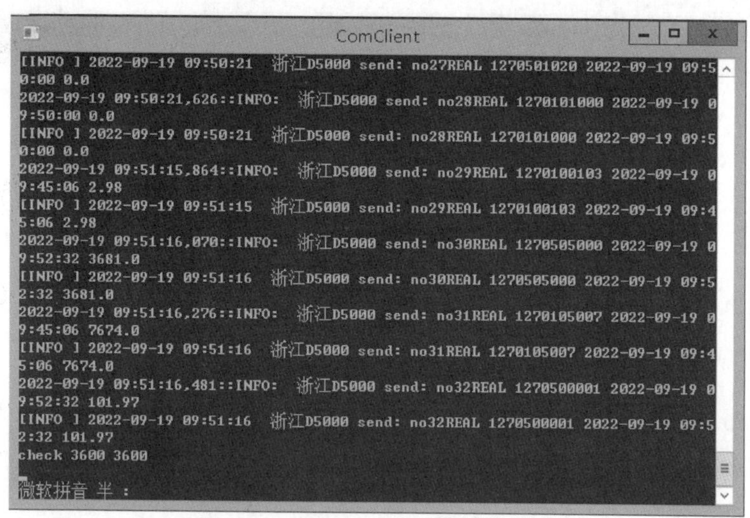

图 3-54 D5000 通信程序界面

（三）ERTU 通信程序

ERTU 通信程序（Jstdata Exchange）的主要功能是采集水电站机组单机时段、日电量。可进入系统平台的实时数据查询模块中检查最新数据是否与当前时间一致，以此来判断通信情况是否正常，如图 3-55 所示。

实时数据查询
- 各站水位
- 各站流量
- 发电量
  - 机组电量
  - VHF电量
    - 紧水滩VHF总发电量[29640
    - 紧水滩VHF1#机发电量[296
    - 紧水滩VHF2#机发电量[296
    - 紧水滩VHF3#机发电量[296
    - 紧水滩VHF4#机发电量[296
    - 紧水滩VHF5#机发电量[296
    - 紧水滩VHF6#机发电量[296

紧水滩VHF1#机发电量[29641]

增加

名称	时间	数值
紧水滩VHF1#机发电量[2...	2022-09-19 03:00:00	1636370.00
紧水滩VHF1#机发电量[2...	2022-09-19 03:05:00	1636370.00
紧水滩VHF1#机发电量[2...	2022-09-19 03:10:00	1636370.00
紧水滩VHF1#机发电量[2...	2022-09-19 03:15:00	1636370.00
紧水滩VHF1#机发电量[2...	2022-09-19 03:20:00	1636370.00
紧水滩VHF1#机发电量[2...	2022-09-19 03:25:00	1636370.00
紧水滩VHF1#机发电量[2...	2022-09-19 03:30:00	1636370.00
紧水滩VHF1#机发电量[2...	2022-09-19 03:35:00	1636370.00
紧水滩VHF1#机发电量[2...	2022-09-19 03:40:00	1636370.00

图 3-55 ERTU 通信程序数据

正常情况下，每隔 5min 会有一个数据，如果超过 5min 需要检查原因。

（四）机组信息采集程序

机组信息采集程序（ComRun）是通过 CDT 协议接入到水调自动化系统中，接入机组的开停机时间和出力信息，其运行状态如图 3-56 所示。可在浏览器输入 http：//127.0.0.1：7550 进行配置。

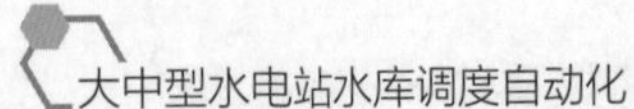

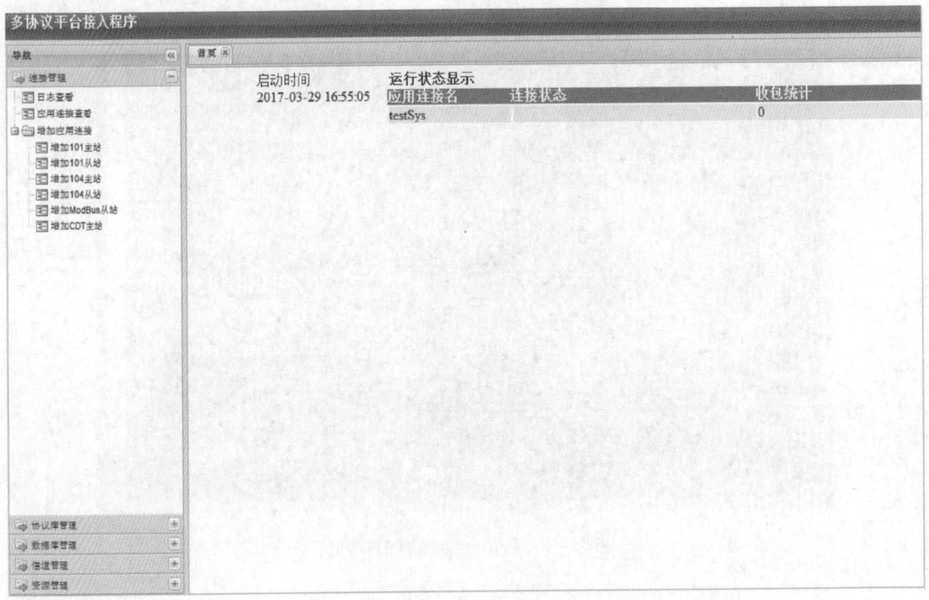

图 3-56　机组信息采集程序运行状态

（五）数据服务程序

数据服务程序是所有应用程序在数据获取、保存的中间件，起到数据传输作用，确保数据服务的一致性、安全性。工作站的客户端程序正常运行时需要该程序进行支撑，程序启动界面如图 3-57 所示。

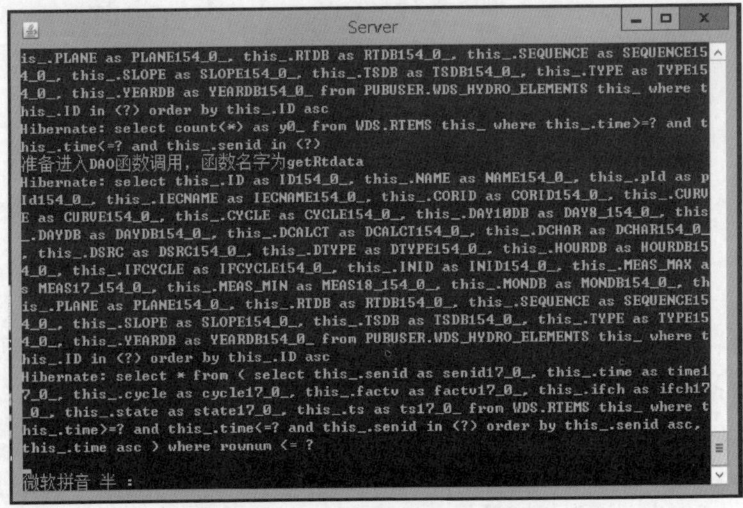

图 3-57　数据服务程序启动界面

二、应用服务器

应用服务器主要负责处理水调自动化系统各类型数据，具有统计计算、水文计算、水文预报等功能，是水调自动化系统的数据处理单元。应用服务器运行的主要程序如图 3-58 所示。

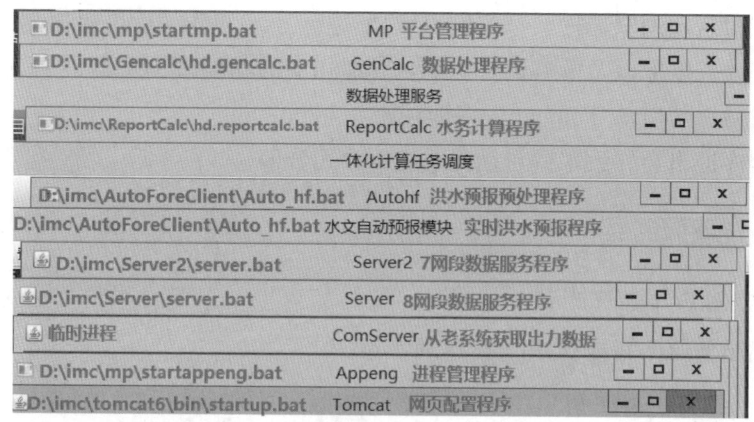

图 3-58 应用服务器运行的主要程序

（一）数据处理程序

数据处理程序（GenCalc）主要负责处理水调自动化系统接收到的水文数据、水电站运行数据，依据固定算法对数据处理并形成历史数据，为系统报表、图形、高级应用提供了数据基础。

数据处理软件在系统中有着严格的时序要求。正常情况下，水文数据在 2min 内进系统，数据处理软件进行实时数据、历史特征数据整编计算，待数据处理完成后系统相应执行水务计算、高级应用计算。

在大型的电网或梯级流域水调自动化系统，由于数据量巨大，数据处理软件需在短时间内完成整编特征值的计算。

（二）水务计算程序

水务计算程序（ReportCalc）主要负责配置和管理水务计算报表，定时自动进行水务计算。水务报表的计算周期可以是分钟、小时、天、月、年时间级，由分钟计算线程、小时计算线程、天计算线程、月计算线程、年计算线程分别处理。

（三）洪水预报程序

洪水预报程序（Autohf）主要负责根据实时水文数据对流域进行实时洪水

预报，预报结果以时段为单位进行输出并保存，其结果主要是小时预报流量、预报水库水位等。

（四）网页配置程序（Tomcat）

网页配置程序（Tomcat）主要提供系统类报警、硬件类报警、数据类报警、业务类报警、遥测类报警和发送策略。

配置时启动浏览器输入对应的 IP 地址进行登录，登录后可以根据需求选择增加、修改、删除以及策略选择功能，其他相应的功能按浏览器说明进行配置，配置完成后重新启动 Tomcat 程序即可。

该程序退出会导致水调自动化系统平台无告警。

三、隔离服务器

（一）网络配置及测试

隔离服务器网络配置如图 3-59 所示。

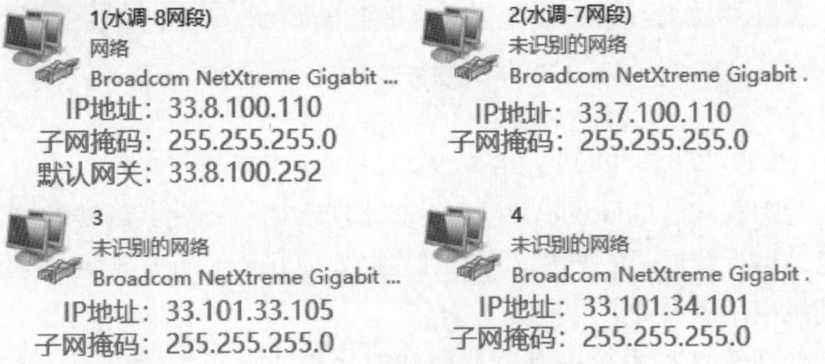

图 3-59　隔离服务器网络配置

（二）隔离程序

隔离服务器运行的主要程序如图 3-60 所示。

1. 正向隔离程序

正向隔离主要是将水调自动化系统数据通过正向隔离送到管理大区和短信服务器，正向隔离需要进行配置后才能正常使用，硬件配置完成后需要根据说明对正向隔离程序进行配置，配置完成后重新启动程序，在程序监听窗口可以看到当前数据发送情况。

如果监听窗口代发个数等于 1 且成功发送数量为 1 为正常情况，否则需要检查程序或硬件设备。

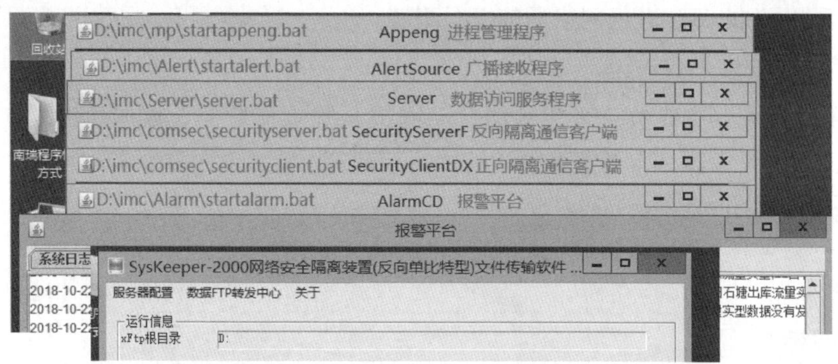

"C:\Program Files (x86)\南瑞信息\NRFtpServer-反向\UNWISE.EXE" /W2 "C:\Program Files (x86)\南瑞信息\NRFtpServer-反向\INSTALL.LOG"

图 3-60　隔离服务器运行的主要程序

2. 反向隔离程序

反向隔离主要是将水情自动测报系统数据通过反向隔离送到水调自动化系统水情服务器，反向隔离需要进行配置后才能正常使用，硬件配置完成后需要根据说明对反向隔离程序进行配置，配置完成后重新启动程序，启动程序后需要点击图标【启动所有文件传输】后才能正常运行，在程序左边任务状态中可以查看实时数据传输情况。

系统是否正常可以进入日志管理菜单中查看数据传输情况，只要时间是最近的（一般不超过 5 分钟），则默认系统运行正常。

四、水情服务器

（一）网络配置及测试

水情服务器网络配置如图 3-61 所示。

1(水调-7网段)
未识别的网络
Broadcom NetXtreme Gigabit ...
IP地址：33.7.100.106
子网掩码：255.255.255.0

2(水调-8网段)
网络
Broadcom NetXtreme Gigabit .
IP地址：33.8.100.106
子网掩码：255.255.255.0

3 (VHF)
未识别的网络
Broadcom NetXtreme Gigabit ...
IP地址：20.20.20.10
子网掩码：255.255.255.0
接反向隔离设备

4(GPRS)
未识别的网络
Broadcom NetXtreme Gigabit ...
IP地址：20.20.21.10
子网掩码：255.255.255.0
接反向隔离设备

图 3-61　水情服务器网络配置

可用 ping 命令进行网络通信情况测试。

（二）数据采集程序

水情服务器主要负责采集水情自动测报系统水文数据，数据通过反向隔离传输到水情服务器。水情服务器运行的主要程序如图 3-62 所示。

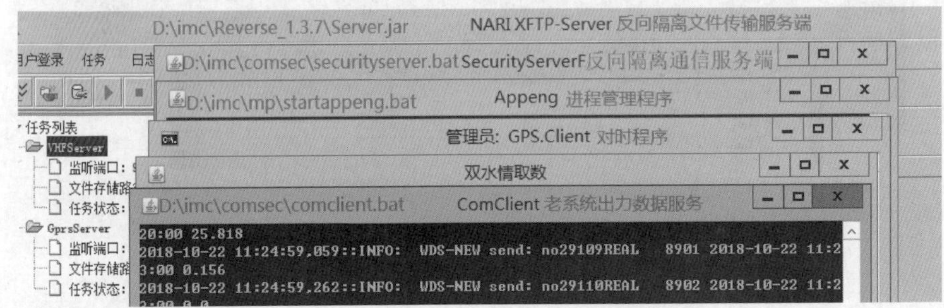

图 3-62　水情服务器运行的主要程序

（三）水情数据库维护

水情数据库维护的主要工作是定期备份数据库、检查数据库日志、定期修改密码、备份事务日志、监视数据库运行情况、定期查看磁盘空间等，其中数据库日志查看是检查数据库运行情况重要手段，检查步骤如下。

(1) 打开 Oracle SQL developer 工具，然后点击【查看】按钮，如图 3-63 所示。

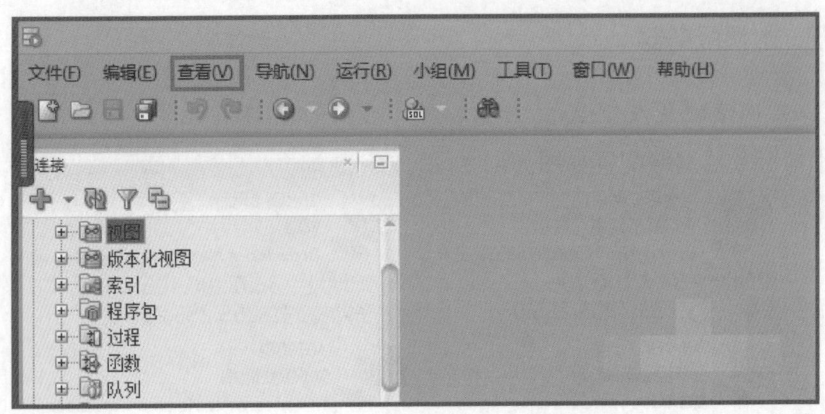

图 3-63　Oracle SQL developer 工具

(2) 点击【查看】按钮后在下拉菜单中选择“SQL 历史记录”，如图 3-64 所示。

图 3-64　选择“SQL 历史记录”

（3）“SQL 历史记录”默认是显示在最下方的小窗口，如图 3-65 所示，可通过在标题栏双击最大化窗口，再次在标题栏双击，可以还原窗口。

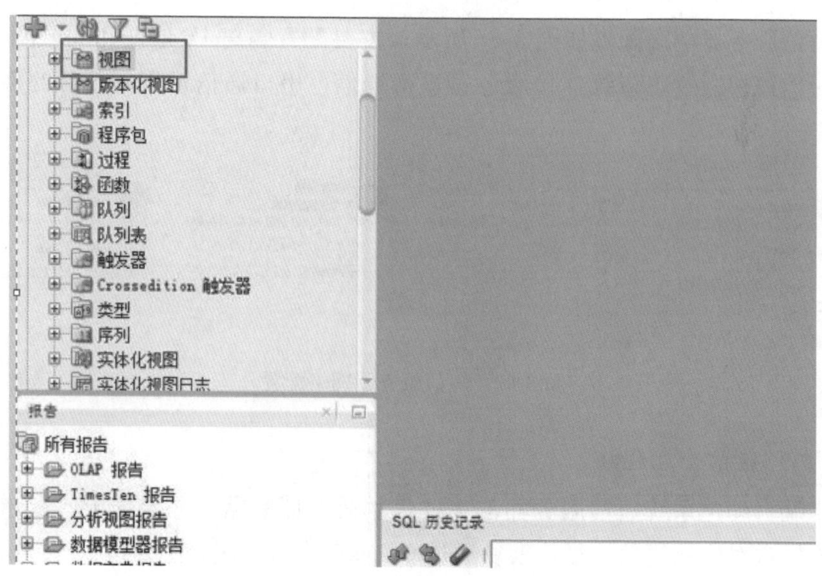

图 3-65　“SQL 历史记录”窗口

（4）查询记录结果，如图 3-66 所示。

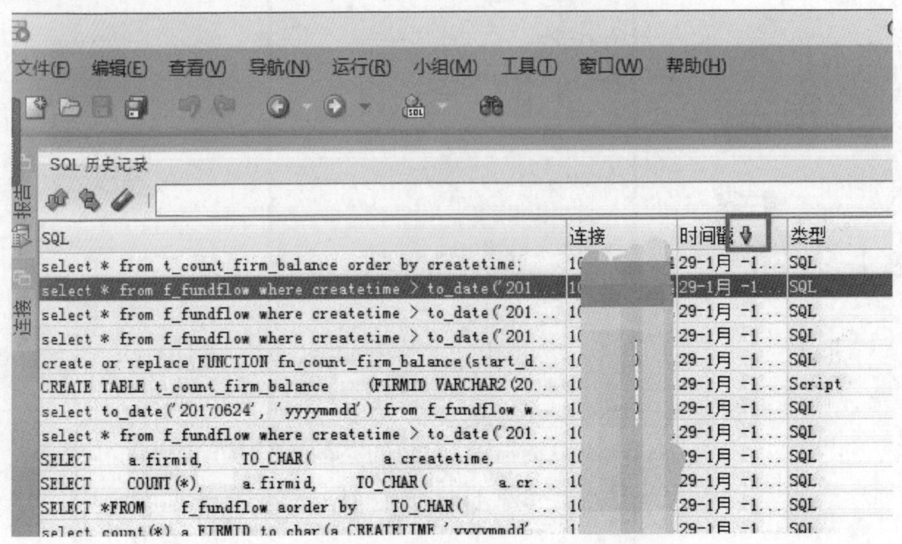

图 3-66　查询记录结果

五、短信服务器

（一）网络配置及测试

短信服务器网络配置如图 3-67 所示。主要配置隔离 IP 地址和局域网 IP 地址，短信模块通过串口线连接服务器进行通信，串口通信可采用超级终端进行测试。

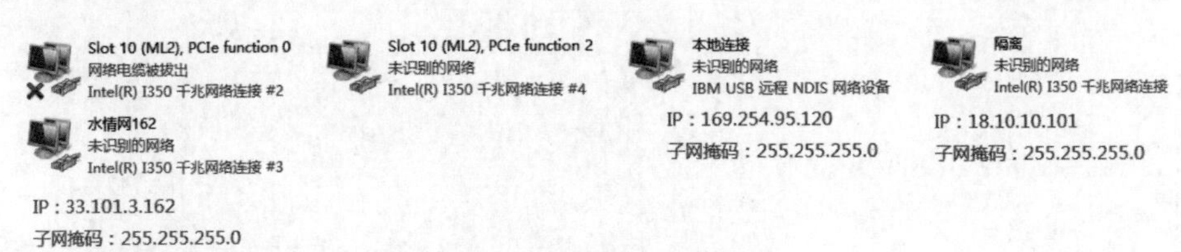

图 3-67　短信服务器网络配置

（二）短信管理程序

水调自动化系统短信服务器的主要作用是存储数据，并根据配置要求对定制用户发送对应的短信，短信模块通过 COM 口进行连接，主要运行程序有正向隔离接收端、短信发送程序、短信配置程序、短信管理程序等。运行的主要程序如图 3-68 所示。

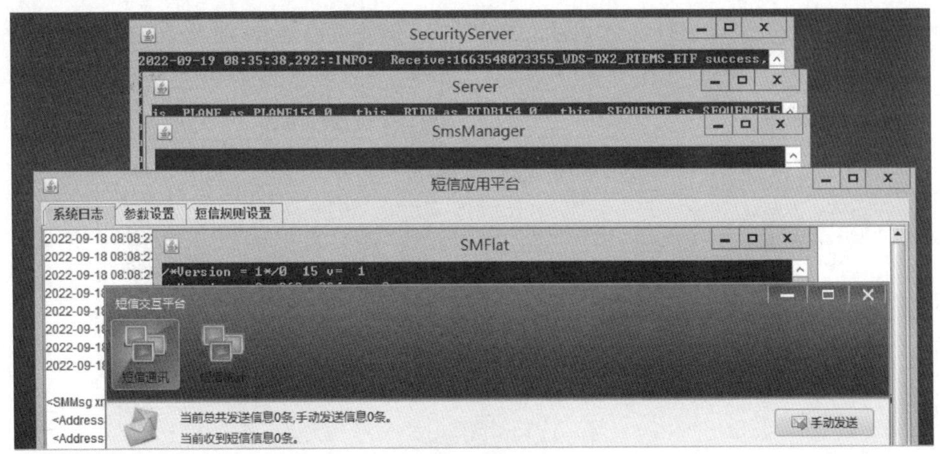

图 3-68　短信服务器运行的主要程序

六、数据库服务器

（一）磁盘阵列定义与运用

磁盘阵列（Redundant Arrays of Independent Disks，RAID），是由很多块独立的磁盘，组合成一个容量巨大的磁盘组，利用个别磁盘提供数据所产生加成效果提升整个磁盘系统效能。利用这项技术，将数据切割成许多区段，分别存放在各个硬盘上。

水调自动化系统磁盘阵列作为独立系统，在主机外通过光纤直连与主机相连。磁盘阵列有多个端口，可以被不同主机或不同端口连接，连接后磁盘阵列作为数据库服务器内部磁盘进行运用。

在应用中，有部分常用的数据是需要经常读取的，磁盘阵列根据内部的算法，查找出这些经常读取的数据，存储在缓存中，加快主机读取这些数据的速度，而对于其他缓存中没有的数据，主机要读取，则由阵列从磁盘上直接读取传输给主机。对于主机写入的数据，只写在缓存中，主机可以立即完成写操作。然后由缓存再慢慢写入磁盘。

接入服务器后，磁盘阵列的虚拟磁盘如图 3-69 所示。

（二）数据库备份与恢复

水调自动化系统采用 Oracle 数据库作为数据存储，系统采用两台数据库服务器连接磁盘阵列进行数据存储，同时在异地建立容灾服务器，通过数据实时存储程序将数据实时同步到容灾服务器，确保数据安全可靠。

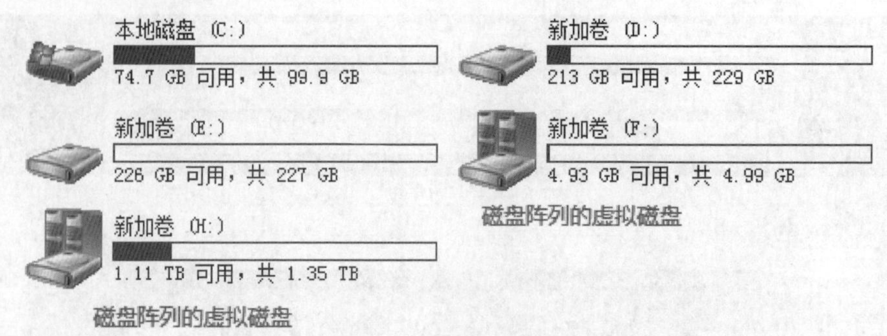

图 3-69　磁盘阵列的虚拟磁盘

1. 数据库备份

紧水滩水调自动化系统数据库采取定期备份，如图 3-70 所示。

```
@echo on
rem 获取系统当前日期
E:
cd E:\DB_BAK

set nowdate=%date:~0,4%%date:~5,2%%date:~8,2%
exp pubuser/XXXXXXXXXXX@IMC file=E:\DB_BAK\DB\pub"%nowdate%".dmp owner=pubuser statistics=none
echo ============================================================

exp wds/XXXXXXXXXXX@IMC file=E:\DB_BAK\DB\wds"%nowdate%".dmp owner=wds statistics=none
echo ============================================================
echo =================
set Path=;"C:\Program Files\WinRAR";%SystemRoot%\SysWOW64

forfiles /p "E:\DB_BAK\DB" /m *.dmp /c "cmd /c WinRAR a -afzip -df -ep @file.zip @path"

echo =================
echo 正在清除过期数据库备份，请稍等......
delete E:\DB_BAK\DB 10

exit
```

图 3-70　紧水滩水调自动化系统数据库的定期备份

通常情况下，数据库均会设置定时在本地进行备份，备份步骤如下。

（1）单击 Windows 系统的“开始”→“运行”，输入 cmd，进入命令行窗口。

（2）输入命令链接 Oracle 数据库，如图 3-71 所示。

1）链接本机 Oracle 数据库的命令（一般管理员登录）：

sqlplus system/密码@orcl

2）链接非本机 Oracle 数据库的命令（一般管理员登录）：

sqlplus system/密码@IP：端口/orcl

（3）创建一个名为 bak 的目录，如图 3-72 所示。创建目录的命令如下：

create directory dpdata1 as 'E：\ Bak \ dmp'；

```
Microsoft Windows [版本 10.0.16299.125]
(c) 2017 Microsoft Corporation。保留所有权利。

C:\Windows\system32>sqlplus system/123456@orcl

SQL*Plus: Release 11.1.0.6.0 - Production on 星期五 8月 24 08:49:18 2020

Copyright (c) 1982, 2007, Oracle.  All rights reserved.


连接到:
Oracle Database 11g Enterprise Edition Release 11.1.0.6.0 - Production
With the Partitioning, OLAP, Data Mining and Real Application Testing options
```

图 3-71 输入命令链接 Oracle 数据库

```
With the Partitioning, OLAP, Data Mining and Real Application Testing options

SQL> create directory dpdata1 as 'E:\bak\dmp';

目录已创建。
```

图 3-72 创建一个名为 bak 的目录

（4）赋予要导出数据表的所属用户权限，命令如下：

grant read，write on directory dpdata1 to 用户名；

授权成功以后输入 exit 退出 SQL，如图 3-73 所示。

```
SQL> grant read,write on directory dpdata1 to IRRIG_SOUTH_DEV;

授权成功。

SQL> exit
从 Oracle Database 11g Enterprise Edition Release 11.1.0.6.0 - Production
With the Partitioning, OLAP, Data Mining and Real Application Testing options 断开

C:\Windows\system32>
```

图 3-73 赋予要导出数据表的所属用户权限

（5）开始数据备份，如图 3-74 所示，命令为：

```
C:\Windows\system32>expdp system/123456@orcl directory=dpdata1 dumpfile=IRRIG_SOUTH_DEV.dmp logfile=IRRIG_SOUTH_DEV.log
schemas=IRRIG_SOUTH_DEV

Export: Release 11.1.0.6.0 - Production on 星期五, 24 8月, 2020 9:14:44

Copyright (c) 2003, 2007, Oracle.  All rights reserved.

连接到: Oracle Database 11g Enterprise Edition Release 11.1.0.6.0 - Production
With the Partitioning, OLAP, Data Mining and Real Application Testing options
启动 "SYSTEM"."SYS_EXPORT_SCHEMA_01":  system/********@orcl directory=dpdata1 dumpfile=IRRIG_SOUTH_DEV.dmp logfile=IRRIG
_SOUTH_DEV.log schemas=IRRIG_SOUTH_DEV
正在使用 BLOCKS 方法进行估计...
处理对象类型 SCHEMA_EXPORT/TABLE/TABLE_DATA
使用 BLOCKS 方法的总估计: 342.2 MB
处理对象类型 SCHEMA_EXPORT/USER
```

图 3-74 开始数据备份

expdp system/密码@orcl directory=dpdata1 dumpfile=文件名.dmp logfile=文件名.log schemas=用户名;

（6）备份完成后，在目录 E：\bak\dmp 下面可以看到备份文件。

2. 数据库恢复

紧水滩水调自动化系统二区的全库备份在应用服务器 1 上的 E：\DB_BAK\DB 文件夹下，主要表备份在通信服务器 1 上的 E：\DB_BAK\DB 文件夹下。VHF 服务器上的全库备份在 VHF 服务器上的 E：\DB_BAK\DB 文件夹下。备份数据如图 3-75 所示。

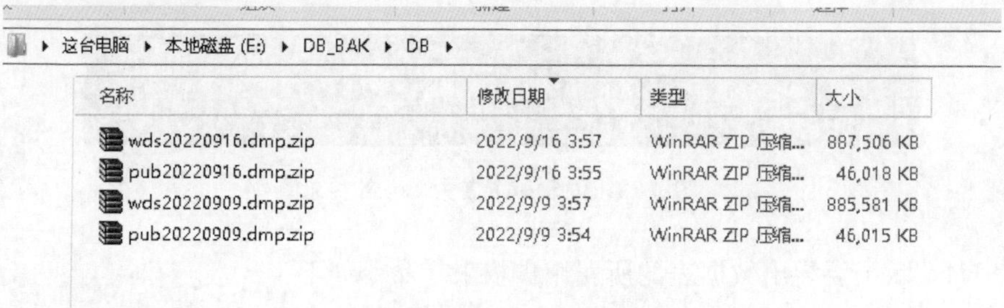

这台电脑 ▸ 本地磁盘 (E:) ▸ DB_BAK ▸ DB ▸

名称	修改日期	类型	大小
wds20220916.dmp.zip	2022/9/16 3:57	WinRAR ZIP 压缩...	887,506 KB
pub20220916.dmp.zip	2022/9/16 3:55	WinRAR ZIP 压缩...	46,018 KB
wds20220909.dmp.zip	2022/9/9 3:57	WinRAR ZIP 压缩...	885,581 KB
pub20220909.dmp.zip	2022/9/9 3:54	WinRAR ZIP 压缩...	46,015 KB

图 3-75　备份数据

导入还原数据的步骤如下。

（1）删除 user，输入 drop user 的用户名 cascade。

（2）输入如下命令导入还原数据：

impdp system/密码@orcl directory=dpdata1 dumpfile=dmp 文件名.logfile=log 文件名.schemas=用户名;

（三）数据库表单

数据库表单根据系统需求分别配置，有实时表、时段表、日表、参数表等。具体应用过程可以根据实际进行增减。

（四）权限管理

水调自动化系统数据库权限配置主要有 DBA 权限和对象权限。

（1）DBA 权限。主要授权系统管理员在数据库维护中运用。

（2）对象权限。主要授权指定用户访问指定表单时运用。紧水滩水调自动化系统配置的用户见表 3-1。

表 3-1 紧水滩水调自动化系统配置的用户

用户名	密码	作用
wds	××××××	主数据库
dx	××××××	短信中间表
westrans	××××××	三区中间表
pubuser	××××××	定义类表
upmng	××××××	管理平台定义表
pubtrans	××××××	

思 考 题

1. 水调自动化系统建议的通信规约是什么？

2. 水调自动化系统网络安全防护的原则是什么？

3. 水调自动化系统位于安全分区的哪个区，该区的特点是什么？

4. 水调自动化系统应用软件数据如何获取并如何保证数据的安全？

5. 水调自动化系统主要接入的数据有哪些？

6. 串口传输的特点是什么？如何解决长距离的串口传输问题？

7. 数据处理软件主要包括哪几部分？每个部分的作用是什么？

8. 修改数据时能否同时修改数据时间标识？如果修改了时间标识会出现什么样的结果？

9. 双网双设备网络结构与单网单设备结构网络的区别是什么，各有什么优缺点？

10. 交换机如何解决不同网段的数据通信问题？

11. 隔离装置配置完成后如何测试设备工作是否正常？

12. 光纤收发器的 TX Link/Act 指示灯灭了，说明哪个链路出现故障，应如何处理？

13. 多模尾纤和单模尾纤的区别是什么？

14. 短期发电计划的降水量是如何输入的，输入降水量后应如何操作？

15. 中长期发电计划一般用于什么场景？计划编制后如何检查编制成果？

16. 洪水预报是否能够根据预报降水进行预测预报？若能，预测降水如何输入？

17. 调洪演算有哪些调度模型，分别是什么？各种模型的应用场景是什么？

18. 节能考核计算时如何解决因设备原因造成的出力限制？

19. 洪水资料摘录的主要数据有哪些？

20. 通信服务器主要运行的程序有哪些？如何检查各个程序运行是否正常？

21. 应用服务器的功能是什么，该服务器故障会导致什么后果？

22. 水情服务器是否有自己的数据库，该服务器的主要用途是什么？

23. 隔离服务器的作用是什么？该服务器主要运行哪些程序，分别是做什么的？

24. 短信模块是如何接入短信服务器的？

25. 数据库服务器的作用是什么，磁盘阵列是如何接入服务器的？

第四章

水库调度自动化新技术、新方法应用

本章以大数据机器学习、程序化决策、二维码技术等新技术新方法应用，开展全流域洪水预报、班组全业务流程及设备全寿命周期管理，提升水库调度自动化业务能力和班组管理水平。

第一节　基于大数据洪水预报方法

一、基于互联网的数据获取方式

获取全流域的水雨情数据是建立基于大数据的洪水预报的基础，当前获取水雨情数据的方法比较多，其中成本较小的方法是通过互联网获取公开的水雨情数据（网络爬虫方式）或通过专网来获取水雨情数据（VPN 方式）。

（一）网络爬虫方式

网络爬虫是一个自动提取网页的程序，它为搜索引擎从互联网上下载网页，是搜索引擎的重要组成。传统爬虫从一个或若干初始网页的 URL 开始，获得初始网页上的 URL，在抓取网页的过程中，不断从当前页面上抽取新的 URL 放入队列，直到满足系统的停止条件。

爬虫的工作流程较为复杂，需要根据一定的网页分析算法过滤与主题无关的链接，保留有用的链接并将其放入等待抓取的 URL 队列。然后，它将根据一定的搜索策略从队列中选择下一步要抓取的网页 URL，并重复上述过程，直到达到系统的某一条件时停止。另外，所有被爬虫抓取的网页将会被系统存储，进行一定的分析、过滤，并建立索引，以便之后的查询和检索；对于聚焦爬虫来说，这一过程所得到的分析结果还可能对以后的抓取过程给出反馈和指导。网络爬虫工作原理如图 4-1 所示。

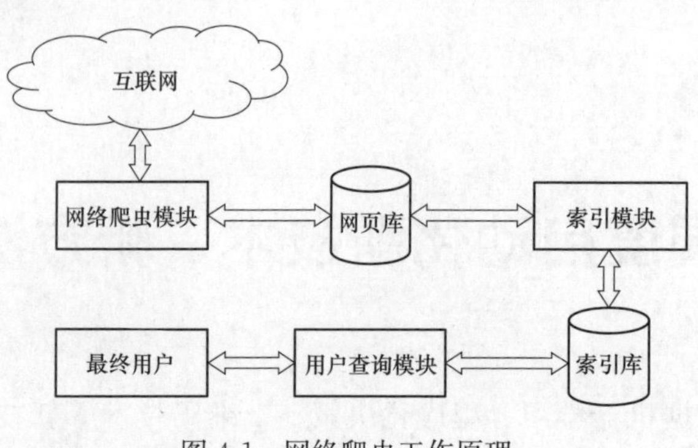

图 4-1　网络爬虫工作原理

（二）VPN 方式

采用 VPN 方式，是指通过与政府部门进行合作，利用 VPN 技术在公用网络上建立专用网络，进行加密通信，VPN 网关通过对数据包的加密和数据包目标地址的转换实现远程访问并获取水雨情数据。

VPN 网关采取双网卡结构，外网卡使用公网 IP 接入 Internet，其工作原理如下。

（1）网络 1（假定为公网 Internet）的终端 A 访问网络 2（假定为公司内网）的终端 B，其发出的访问数据包的目标地址为终端 B 的内部 IP 地址。

（2）网络 1 的 VPN 网关在接收到终端 A 发出的访问数据包时对其目标地址进行检查，如果目标地址属于网络 2 的地址，则将该数据包进行封装，封装的方式根据所采用的 VPN 技术不同而不同，同时 VPN 网关会构造一个新 VPN 数据包，并将封装后的原数据包作为 VPN 数据包的负载，VPN 数据包的目标地址为网络 2 的 VPN 网关的外部地址。

（3）网络 1 的 VPN 网关将 VPN 数据包发送到 Internet，由于 VPN 数据包的目标地址是网络 2 的 VPN 网关的外部地址，所以该数据包将被 Internet 中的路由正确地发送到网络 2 的 VPN 网关。

（4）网络 2 的 VPN 网关对接收到的数据包进行检查，如果发现该数据包是从网络 1 的 VPN 网关发出的，即可判定该数据包为 VPN 数据包，并对该数据包进行解包处理。解包的过程主要是先将 VPN 数据包的包头剥离，再将数据包反向处理还原成原始的数据包。

（5）网络2的VPN网关将还原后的原始数据包发送至目标终端B，由于原始数据包的目标地址是终端B的IP，所以该数据包能够被正确地发送到终端B。在终端B看来，它收到的数据包就和从终端A直接发过来的一样。

（6）从终端B返回终端A的数据包处理过程和上述过程一样，这样两个网络内的终端就可以相互通信了。

通过上述说明可以发现，在VPN网关对数据包进行处理时，有两个参数对于VPN通信十分重要：①原始数据包的目标地址（VPN目标地址）；②远程VPN网关地址。根据VPN目标地址，VPN网关能够判断对哪些数据包进行VPN处理，对于不需要处理的数据包通常情况下可直接转发到上级路由；远程VPN网关地址则指定了处理后的VPN数据包发送的目标地址，即VPN隧道的另一端VPN网关地址。由于网络通信是双向的，在进行VPN通信时，隧道两端的VPN网关都必须知道VPN目标地址和与此对应的远端VPN网关地址。

VPN网关对应的远端VPN网关地址如图4-2所示。

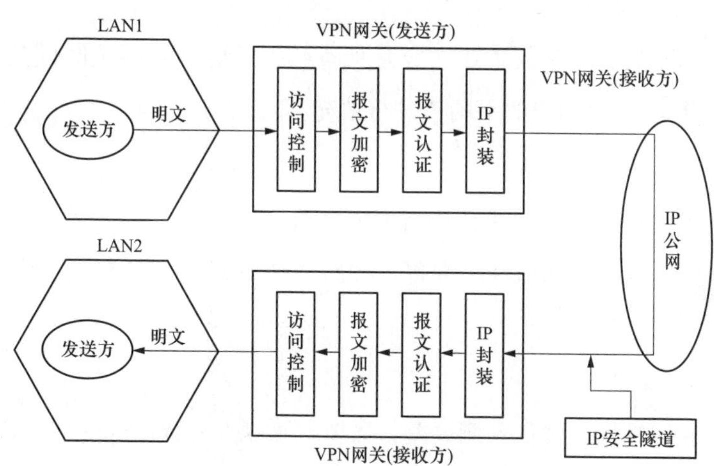

图4-2　VPN网关对应的远端VPN网关地址

二、数据处理及算法

（一）数据类型

研究中涉及降水量、水位、流量、天气等多要素数据，主要数据类型是数字型数据。具体数据要素信息见表4-1。

表 4-1 数据要素信息

序号	需求字段	数据来源	类型
1	水库、河道水位	浙江省实时水雨情监测预警	数字型
2	近千个雨量站降水量		数字型
3	河道水位站流量		数字型
4	部分测站土壤湿度		数字型
5	部分测站蒸发量		数字型
6	天气类型	浙电云平台气象数据	字符型
7	台风预报		数字、字符型
8	气象预报表		数字型

（二）数据整合

数据整合是指，将历史的降雨量数据合并到一个文件（数据表）；将每小时的降雨量数据与每天的土壤湿度数据，按小时级合并到一起。

（三）缺失处理

缺失处理即数据处理，主要内容是检查数据中数据是否按时间连续，如有缺失，则以前 K 个时间点的平均值进行填充。

（四）异常检测

异常检测即数据清洗，主要内容是对水库（河道）水位、降雨量、土壤湿度的各列数据，计算平均值和标准差，找出与平均值之差超过 M 个标准差的数据，并加以判定。

（五）平滑处理

为了消除波动性、降低预测误差，需要对水库水位数据进行平滑处理。

1. 算法

根据对历史数据分析、异常值检测和人工分析结果来看，当水位站流量值小于 100m^3/s 时，与降雨量的相关性不大。比如晴天降雨量全为 0 时，水库（河道）水位的波动依然很大，几乎不可预测。

2. 公式

将（$T-2$）、（$T-1$）和 T 时刻的水位平均值，作为 T 时刻的水位。以 $X(T)$ 表示 T 时刻的水库水位，有

$$X(T)=\frac{X(T-2)+X(T-1)+X(T)}{3} \tag{4-1}$$

（六）特征值提取

1. 算法

从分支流河道的具体场景考虑，关键站水位与降雨量、土壤湿度等指标密切相关。为了预测未来 N 小时的关键站水位，需知道部署在关键站此前 M 小时的流域降雨量、土壤湿度及时空分布情况，$10\leqslant M\leqslant 24$，可构造如下特征。

（1）前 M 小时中，各个监测站每小时的降雨量。

（2）前 M 小时中，各个监测站每小时的土壤湿度。

（3）前 M 小时中，各个监测站每 3 小时的降雨量平均值。

（4）前 M 小时中，各个监测站每 3 小时的土壤湿度平均值。

（5）前 M 小时中，各个监测站的降雨量平均值。

（6）前 M 小时中，各个监测站的土壤湿度平均值。

2. 公式

具体计算公式为

$$\text{小时降雨量}(M)=\sum(\text{各测点降雨量})$$

$$\text{小时土壤湿度}(M)=\sum(\text{各测点土壤湿度})$$

$$\begin{aligned}&3\text{ 小时平均降雨量}(M)\\&=\sum\frac{\text{各测点降雨量}(T-2)+\text{各测点降雨量}(T-1)+\text{各测点降雨量}(T)}{3}\end{aligned}$$

$$\begin{aligned}&3\text{ 小时平均土壤湿度}(M)\\&=\sum\frac{\text{各测点土壤湿度}(T-2)+\text{各测点土壤湿度}(T-1)+\text{各测点土壤湿度}(T)}{3}\end{aligned}$$

$$\text{小时平均降雨量}(M)=\sum(\text{各测点降雨量}/\text{测点数})$$

$$\text{小时平均土壤湿度}(M)=\sum(\text{各测点土壤湿度}/\text{测点数})$$

三、模型选择及目标

（一）XGBoost 机器学习模型

XGBoost 是基于梯度提升决策树（Gradient Boosting Decision Tree，GBDT）的机器学习算法，在结构化数据的训练和预测上效果非常好。使用此算法的参赛者，多次获得 Kaggle 和阿里天池等世界顶级数据挖掘竞赛的冠军。

决策树是机器学习的常用算法，但单棵决策树的预测效果并不好。XG-

Boost 的算法原理是将多棵决策树的预测结果，通过梯度提升的方式整合起来，作为最终的预测结果，可以有效提升预测精准度。XGBoost 模型结构如图 4-3 所示。

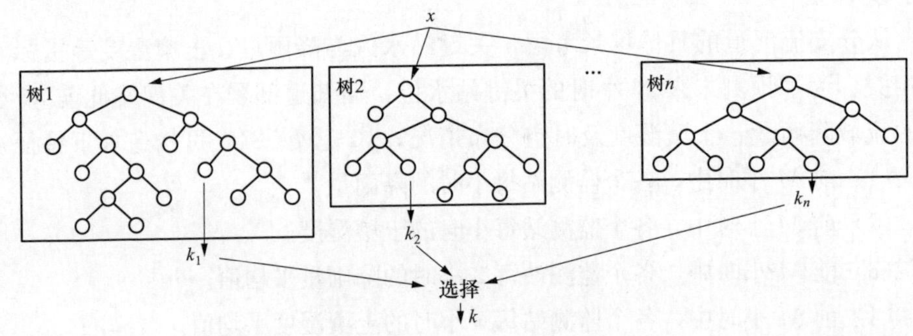

图 4-3 XGBoost 模型结构

（二）CNN 神经网络模型

CNN 即卷积神经网络（Convolutional Neural Networks），该深度学习算法近年来在 AlphaGo 围棋挑战赛、人脸识别、语音识别、自然语言理解等前沿领域取得了突破性的技术进展。

一般 CNN 网络都由卷积层、池化层及全连接层 3 种类型的网络层构成，如图 4-4 所示。输入的数据交替通过卷积层和池化层，最终输入给全连接层。

（三）LSTM 深度学习模型

LSTM 即长短记忆网络（Long Short Term Memory，LSTM），该深度学习模型在时间序列预测、机器翻译等场景表现优异。XGBoost 和 CNN 模型的缺点在于，无法捕获长时间序列依赖，以及周期性、季节性的变化趋势。LSTM 的输入不仅有降雨量、土壤湿度数据，也包含前面 K 个小时的水库水位数据，通过记忆门、遗忘门来控制。

理论上，LSTM 的预测精度最高，但需要大量的数据来进行训练。在本项目中，由于数据量积累得不够多，使用 LSTM 的预测精度并不高，预测水位平均误差为 100～200cm。

（四）模型构建

1. 构建 CNN 神经网络模型

从输入 36×15×1 的水情画像开始，第一层是 128 卷积核的卷积层，第二层是包含 64 卷积核的卷积层，第三层是包含 32 卷积核的卷积层，第四层是对前一

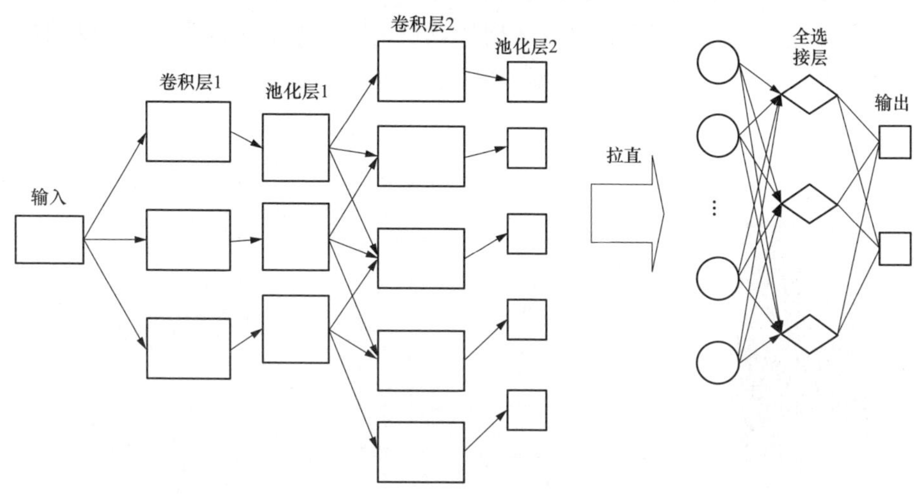

图 4-4　CNN 网络结构

卷积层进行拉直处理的全连接层，共 18 432 个神经元，第五层是包含 32 个神经元的全连接层，第六层是包含 12 个神经元的输出层，最终输出结果依次代表未来 12 个小时的入库流量预报值。CNN 神经网络模型构建如图 4-5 所示。

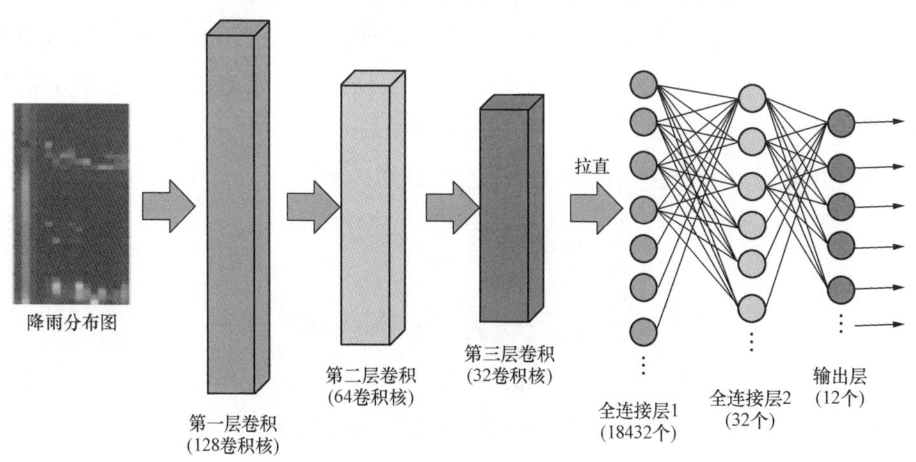

图 4-5　CNN 神经网络模型构建

2. 构建 LSTM 深度学习模型

LSTM 的记忆能力使得该模型被经常用于时序数据建模，但是与 CNN 神经网络模型相比，LSTM 深度学习模型没有强大的自动提取数据特征的能力，因此需要进行特征工程人工构造数据特征以提高建模精度。

由于降雨与入库流量之间存在较强的因果关系，因此构造了降雨量的 3 小时累计降雨量、6 小时累积降雨量等时段累积量以及上中下游降雨占总降雨量的比例等特征。LSTM 深度学习模型构建如图 4-6 所示。

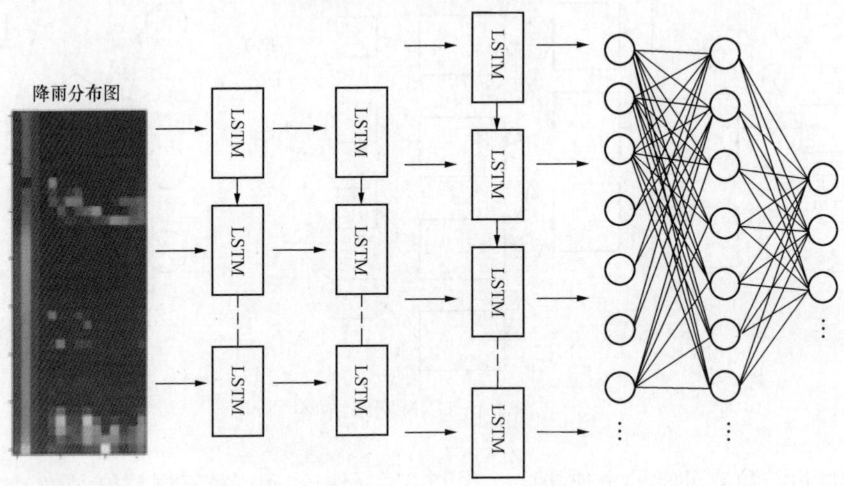

图 4-6 LSTM 深度学习模型构建

3. 构建 XGBoost 机器学习模型

在构建 XGBoost 机器学习模型的过程中，使用了 GridSearchCV 进行超参数的筛选，分别对 n_estimators，max_depth，subsample 等超参数进行自动筛选。通过验证学习，发现 max_depth 为 6、n_estimators 为 8000、subsample 为 0.5 时，可取得比较好的预报结果。计算公式为

$$\text{Gini}=1-\sum_{i=1}^{n}P(i)^2 \tag{4-2}$$

$$\text{Entropy}=-\sum_{i=1}^{n}P(i)^2\cdot\log_2^{P(i)} \tag{4-3}$$

$$\text{Error}=1-\max\{P(i)\mid i\in[1,n]\} \tag{4-4}$$

式中 $P(i)$ ——记录中第 i 类记录数占总记录数的比例。

4. 线性加权融合

综合上述 3 个算法模型，经过初步验证，采用 XGBoost 机器学习模型误差最低，但仍然有上升空间。

模型融合可以有效提高模型的预测精度。对于 XGBoost 机器学习模型、CNN 神经网络模型和 LSTM 深度学习模型的预测结果，可以选择其中效果最好的模型，也可以将 3 个模型的预测结果综合起来。模型预测结果融合如图 4-7

所示。

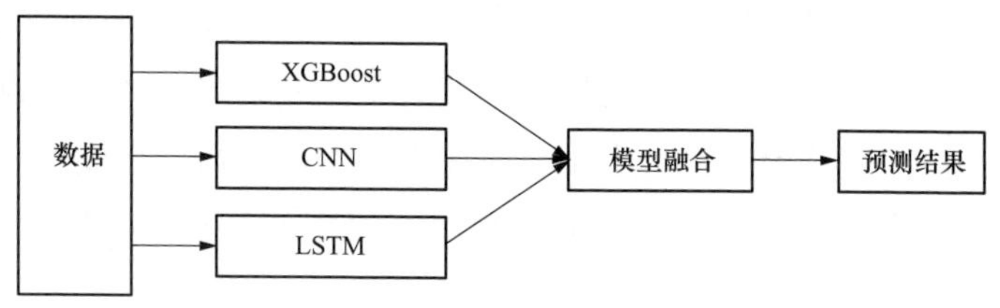

图 4-7 模型预测结果融合示意图

加权公式为

$$\text{最终预测结果} = \alpha \cdot \text{XGBoost 预测结果} + \beta \cdot \text{CNN 预测结果} + \gamma \cdot \text{LSTM 预测结果} \tag{4-5}$$

5. 优化损失函数

洪水预报属于回归类问题，因此在本项目中首先考虑使用均方误差（Mean Squared Error）作为模型的损失函数。但经训练发现，均方误差很难满足洪水预报的要求。洪水预报中需要给予大流量更高的关注度，但是在所有数据样本中大流量对应的大降雨量数据比重相对较小。如图 4-8 所示，前 36h 累积降雨量小于 5mm 的数据样本有 60 475 个，占比 68.7%，这些数据样本在洪水预报中是并不需要很多关注的；而需要关注的只有 27 548 条数据样本，其中需要重点关注的大流量大雨量数据样本就更加稀少。

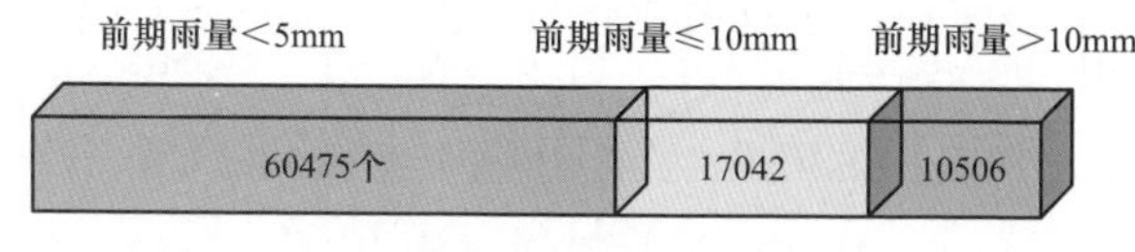

图 4-8 数据样本分布

优化后的损失函数为

$$\text{HS\_Loss} = \frac{1}{M}\sum_{m=1}^{M}(y_{\text{true}} - y_{\text{perd}})^2 \cdot \log[\max(y_{\text{true}}, 3.0)] \tag{4-6}$$

从最终模型预报结果显示，优化损失函数确实可以让模型更加准确的预报大流量。但充分训练后，会让小流量的误差增大，出现预报过大的情况。

（五）成果检查

模型目前已经在大溪流域龙泉溪支流、松阴溪支流、好溪支流、宣平溪支流、小安溪支流投入实际运行，模型相比传统水文模型（如蓄满产流模型、API模型）具有建模速度快（最快 2h 完成建模）、可移植性好、精度高等特点，适合当前水利信息互联网场景应用。

对于模型应用，选取大溪流域最大的两条支流龙泉溪（紧水滩断面）、松阴溪（靖居口断面）进行验证，紧水滩断面代表水库站，靖居口断面代表河道站。这两个断面有典型的代表性，且具有实测洪水过程测量资料，便于验证模型成果精度。

1. 松阴溪（靖居口断面）流域预报成果

松阴溪流域面积 1995km²，约占大溪流域面积的 20.5%，成果以 2020 年 5 月末一场典型双峰型洪水进行验证。

松阴溪（靖居口断面）流域预报成果如图 4-9 所示。

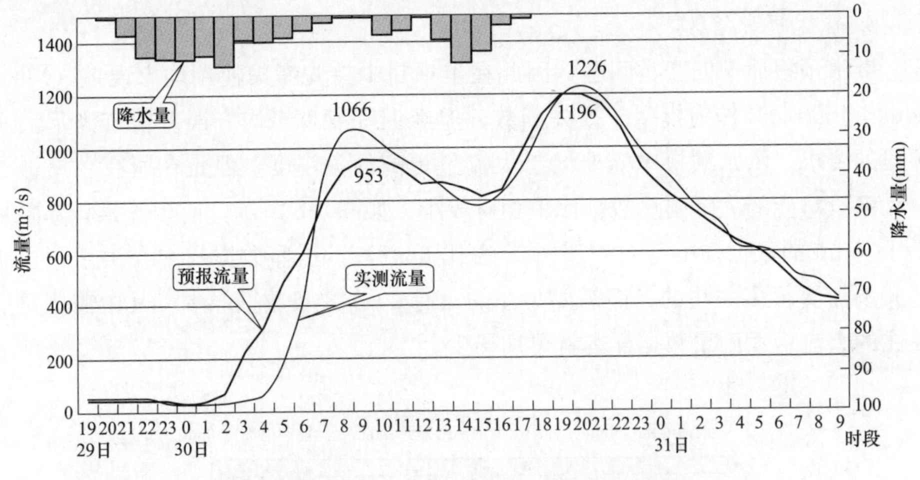

图 4-9　松阴溪（靖居口断面）流域预报成果

本次洪水预报洪水总量 0.88 亿 m³，实测洪水总量 0.87 亿 m³，预报洪水总量精度 98.86%，洪峰平均预报准确率 93.5%。

2. 龙泉溪（紧水滩断面）流域预报成果

龙泉溪紧水滩断面控制流域面积 2761km²，约占大溪流域面积的 28.4%，成果以 2021 年 5 月中下旬 4 场次洪峰流量大于 2000m³/s 的洪水进行验证，在本次洪水过程中模型运行稳定、可靠。

龙泉溪（紧水滩断面）流域预报成果如图 4-10 所示。本次洪水预报洪水总量 9.21 亿 m³，实测洪水总量 9.27 亿 m³，预报洪水总量精度 99.35%，平均预报准确率在 90.11%。

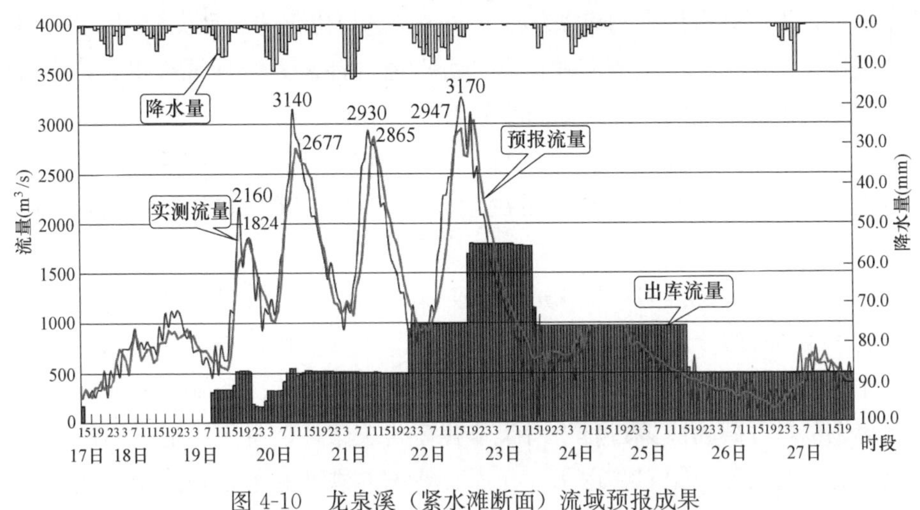

图 4-10　龙泉溪（紧水滩断面）流域预报成果

第二节　基于调度事件程序化决策管理

水电站水库调度工作包含了防汛日常值班、系统运行管理、汛情定时报送、防洪度汛、发电调度、综合利用等四十多项工作任务，月度报送频次达 240 次之多，涉及国家大坝中心、省公司计划处、省市防汛部门、省水利部门、厂相关部门等十多家单位和部门，由于工作任务多，项目繁杂，各项任务要求内容和时间不同，极易造成调度工作项目遗漏，或存在操作流程跳项、缺项等隐患，影响水调工作安全和时效。因此，采用程序化决策管理方法，提高水调工作效率，确保水库安全运行。

一、程序化决策构建

（一）程序化决策定义

所谓决策，是指组织或个人为了实现某种目标而对未来一定时期内有关活动的方向、内容及方式的选择或调整过程。根据决策问题的重复程序，可把决策分为程序化决策与非程序化决策。

1. 程序化决策

程序化决策又称常规性决策，是指对重复出现的、日常管理问题所作的决策。这类决策有先例可循，能按原已规定的程序，处理方法和标准进行决策。它多属于日常的业务决策和可以规范化的技术决策。可以根据既定的信息建立数学模型，把决策目标和约束条件统一起来，进行优化的一种决策。

程序化决策中，决策所需的信息都可以通过计量和统计调查得到，它的约束条件是明确而具体的，并且都能够量化。

程序化决策的意义在于便于论证决策、节约决策时间、减少组织摩擦。

程序化决策的条件有，民主的决策气氛，健全的组织机构和及时、准确、充分的信息来源。

程序化决策最关键的一步就是获取准确、及时、充分的信息。

2. 非程序化决策

非程序化决策也叫非常规性决策，指面对新的、首次遇到的或特别复杂的问题而无常规可循的决策过程。对于非程序化决策，信息更可能是模棱两可或不完整的，决策者可能需要运用一些深思熟虑的判断和创造性思维来达成一个好的解决方案。比如新冠肺炎引起了社会舆论和社会恐慌，全国各地方政府针对这一次突发公共卫生事件基本都属于非程序化决策，无先例可循。

非程序化决策必须在明确价值观念的情况下，建立一个决策因素关联分析框架，并按照这既定的框架来制定决策。也就是说，把企业领导人所赖以形成决策的价值观念，具体化为一个分析框架，然后把所要进行分析的各种变量纳入这个框架之中来进行关联比较，最后做出选择。

虽然水库调度工作任务多，项目繁杂，各项任务要求内容和时间不同，但是基本上都是每日、每周、每旬或每月周期性重复出现的、日常管理问题所作的决策。因此，采用程序化决策方法对水库调度事件进行管理。

（二）总体结构

1. 系统总体流程

水调任务管理系统以水调法律法规和上级规程制度为标准，以水调工作业务流程为主线，将调度任务分为调度事件、调度流程、调度文档、调度程序等内容进行管理。系统总体流程如图 4-11 所示，通过资料收集、决策分析判断、任务事件提醒、信息报警等流程实现水调任务管理功能。

调度事件决策分析和实时提醒是管理系统的核心，使后续调度文档统一编制、调度程序便捷操作、调度流程标准设置、调度说明简洁明了有了着力点和落脚点，实现水调工作任务的及时、准确执行和水调业务标准化、制度化、规范化管理。

2. 系统总体结构

依据系统总体流程图组织系统总体结构，以数据库、模型库、方法库和知

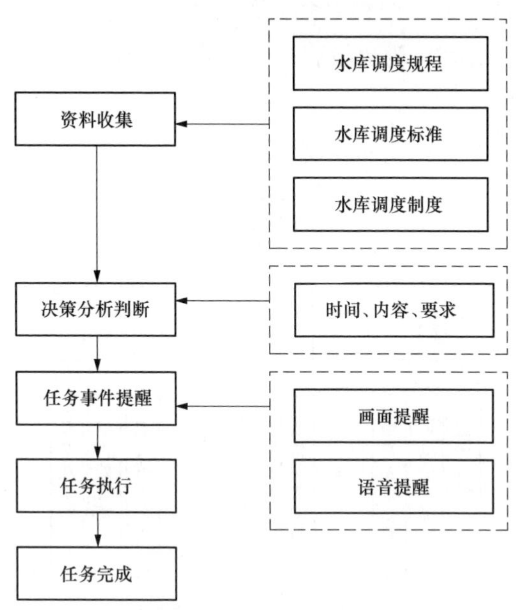

图 4-11 系统总体流程

识库作为基本信息支撑，通过总控程序构成水调任务管理系统的运行环境，辅以友好的人机界面和对话界面，有效地实现水调监测报警这一复杂过程。

因此，系统由数据库子系统、模型库子系统、方法库子系统、知识库子系统及人机会话子系统 5 部分构成，系统总体结构如图 4-12 所示。

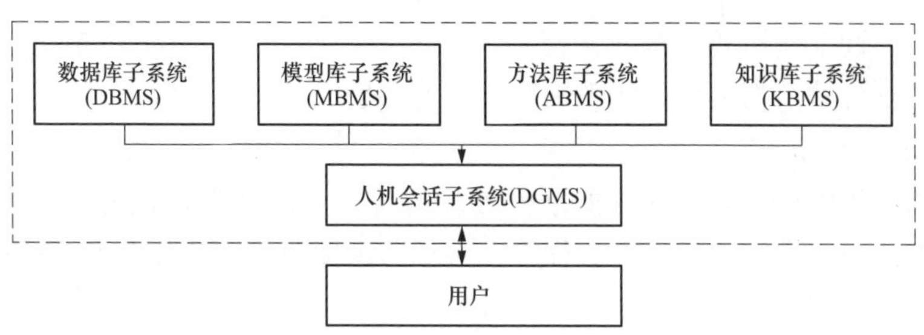

图 4-12 系统总体结构

各子系统之间的逻辑关系如下。

（1）模型库对数据库提出数据要求和存储格式；数据库通过接口程序为模型库提供所需要的数据。模型运行结果通过程序存入数据库中，由数据库系统进行管理和维护。

（2）方法库按照模型库的需要为模型提供数学方法。

（3）知识库子系统是一个相对独立的子系统，通过人机会话系统，用户直接对其有关知识进行查询，为决策服务。

（三）主要功能

水调任务管理系统各模块的主要功能如图 4-13 所示。

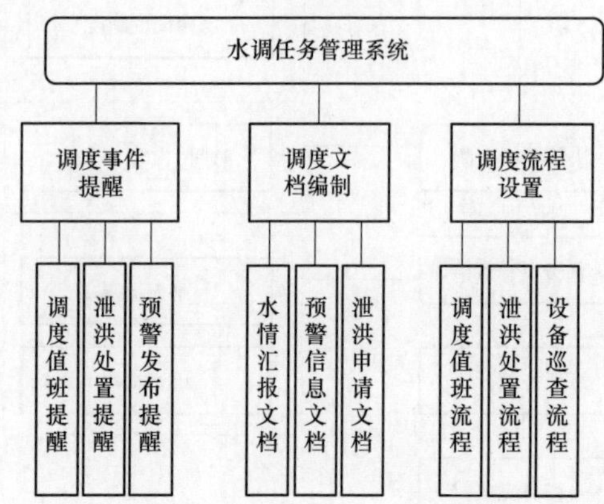

图 4-13　水调任务管理系统各模块的主要功能

1. 事件实时提醒

根据水调各种规范、标准、制度的要求，列举所有水调事件，按照事件发生时间、频率、工作内容、要求等进行分类，并进行决策分析，以画面、语音方式实现水调事件自动实时提醒。

2. 文档统一编制

根据水调工作需要，按水情汇报文档、预警信息文档、泄洪申请文档进行分类，建立各种文档模板，实现快速、规范的生成各类水调常用文档。

3. 流程标准设置

水调工作中，需要有标准的事件处理流程，如洪水调度流程、泄洪处置流程、日常值班流程、设备巡查流程等，实现防洪度汛的安全和设备的稳定运行。

4. 程序便捷操作

在实现调度事件实时提醒的同时，能自动链接各应用程序，并显示各程序、事件操作说明，让各项工作按规范标准、规程制度、上级文件的要求准确、快速完成。

二、程序化决策实施

（一）收集各调度流程要素

将水调工作按水库防洪调度值班、洪水调度操作、中心站设备巡查等内容收集流程各要素，如图 4-14 所示。

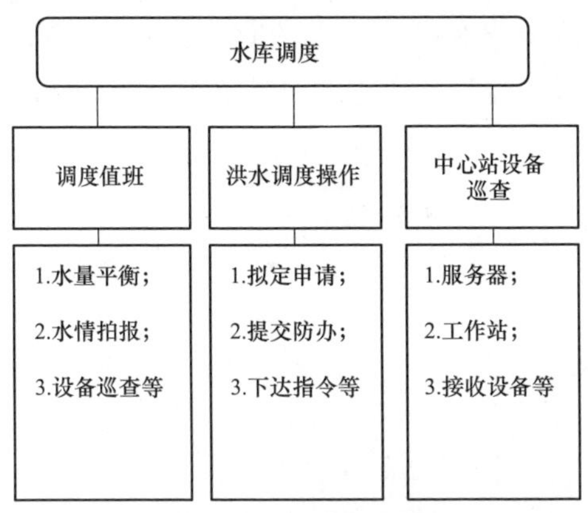

图 4-14　流程要素

对各调度流程的要素进行检查，覆盖水调重要工作，满足流程图绘制的需要。

（二）确定各调度要素关系

各调度要素关系应按水调工作的先后时间和逻辑关系排列。检查不同的工作要求，确保各流程要素排列的时间关系和逻辑关系合理、正确。调度要素关系见表 4-2。

表 4-2　　调度要素关系

序号	水　调　事　件
1	洪水预报
2	调洪演算
3	水雨情汇报
4	发布预警
5	泄洪申请拟定
6	泄洪申请提交市防指
7	接收市防指泄洪调度令
8	通知拉响泄洪警报
9	发布泄洪调度令
10	接收闸门操作完成报告
11	向市防指汇报闸门操作情况
12	向梯调、玉溪电站、云和防办通报闸门操作情况
13	拍发泄洪水情电报

（三）编制防洪调度流程

根据收集的各调度要素和确定要素的时间关系、逻辑关系，编制防洪调度值班流程、洪水调度操作流程、中心站设备巡查流程。调度流程如图 4-15 所示。

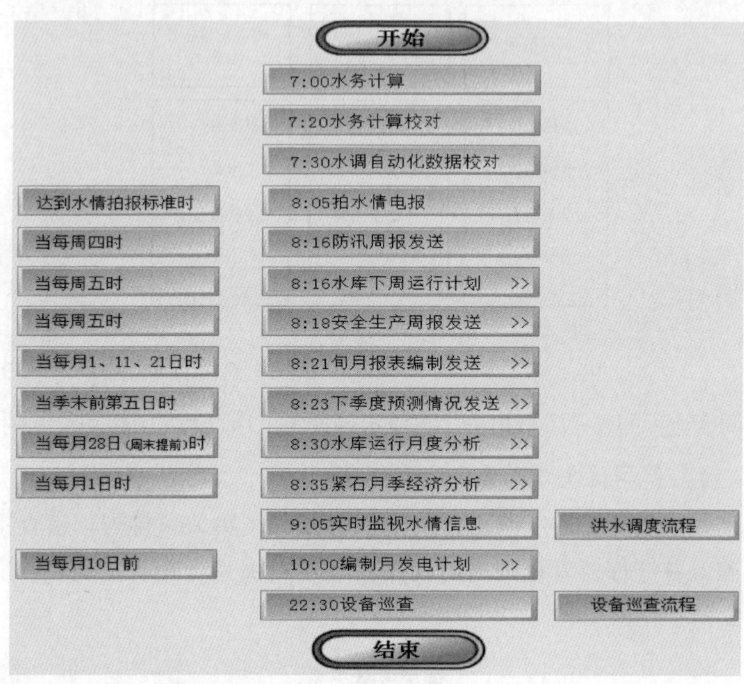

图 4-15　调度流程

（四）整理分类调度文档

将常用的水调防洪调度文档进行分类整理，可分为水情汇报文档、预警信息文档及泄洪申请文档，如图 4-16 所示。

共整理水情汇报文档 3 类，预警信息文档 8 类，泄洪申请文档 9 类。

（五）编写各类文档模板

根据分类的防洪调度文档，进行提炼、综合，编写成统一的标准模板。编写水库防洪调度各类文档模板，文档模板用词应简洁、准确。调度文档模板示例如图 4-17 所示。

（六）VB 语言开发统一模板

通过 VB 语言的接口调用功能，编写源代码，开发应用程序，统一调用编制好的 WORD 文档模板。检查各水调文档模板，确保程序调用快捷、准确。

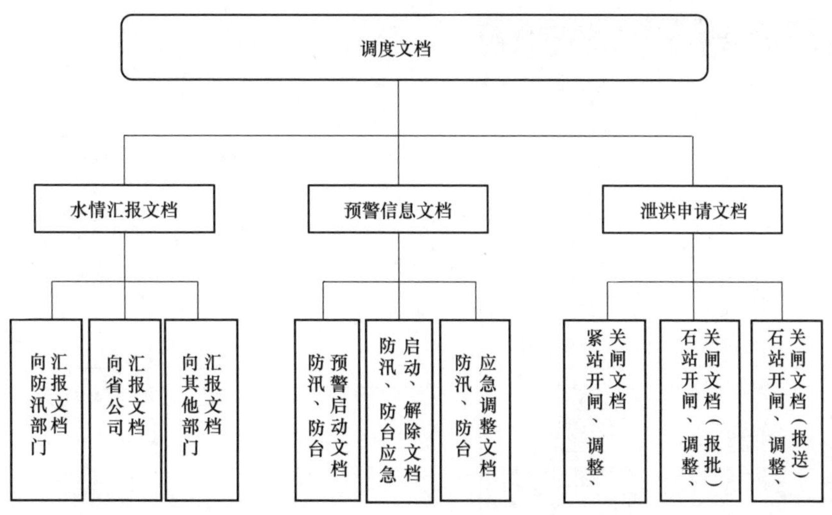

图 4-16 调度文档分类图

关于启动防台III级应急响应的通知

防汛[xxxx]第 xx 号

xxxx 年 xx 月 xx 日 xx 时 xx 分　　　　签发人:xxx

今年第九号台风“苏拉”于 xx 月 xx 日在西太平洋生成，xx 日下午加强为台风，目前台风中心位于丽水东南 450 公里的洋面上，可能于 xx 月 xx 日对我流域造成较大影响。

省公司已于 xx 月 xx 日下午启动防台III级应急响应。根据《xxx 水力发电厂水库安全应急预案》的规定，我厂决定从 xx 月 xx 日 xx 时 xx 分起启动防台III级应急响应，各部门人员务必保持通信畅通，加强设备维护和设施巡查，进一步做好防台的各项准备工作。

图 4-17 调度文档模板示例

调度文档调用程序界面如图 4-18 所示。

（七）整理各调度事件要素

根据各水调工作流程，全面、详细的整理各调度事件的信息。共整理调度事件 40 多项，按日、旬、月进行分类。

调度事件要素分类如图 4-19 所示。

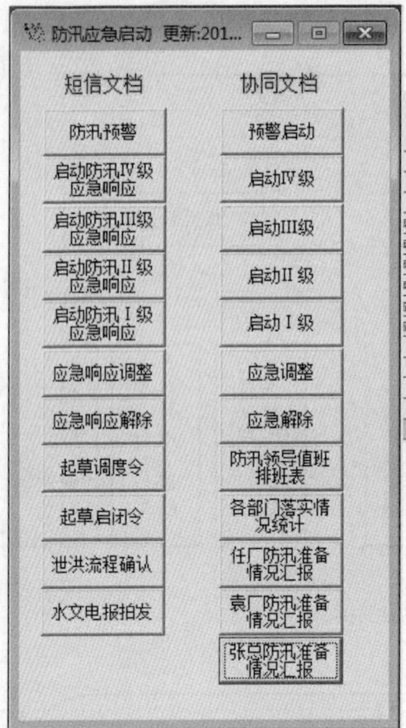

紧水滩水库调度模板

防洪调度文档		水雨情汇报	泄洪申请文档	
短信	协同文档		报批	报送
预警启动	预警启动	向防汛部门汇报文档	紧水滩开闸	石塘开闸
动IV级应急响应	启动IV级	向省公司汇报文档	紧水滩调整	石塘调整
动III级应急响应	启动III级	向其他部门汇报文档	紧水滩关闸	石塘关闸
动II级应急响应	启动II级			
动I级应急响应	启动I级		石塘开闸	
应急响应调整	应急调整		石塘调整	
应急响应解除	应急解除		石塘关闸	
预警解除	预警解除			
预警应急	水情短信	水情汇报	调洪请示	

图 4-18　调度文档调用程序界面

水调事件一览表

序号	水调事件	序号	水调事件
1	水量平衡计算	21	水库月报填报
2	8 时水位记录	22	白班设备巡查
3	拍发水情电报	23	发送汛情周报
4	安全生产周报	24	发送汛情日报
5	周生产简报	25	每天工作日志
6	发送华能水情	26	中班设备巡查
7	水情旬报表	27	零点设备巡查
8	发送月生产简报	28	洪水预报
9	生产情况周报	29	调洪演算
10	下月发电计划	30	水雨情汇报
11	水情月报传真	31	发布预警
12	9 时水位记录	32	泄洪申请拟定
13	网盘月度计划	33	泄洪申请提交市防指
14	发送水情月报	34	接收市防指泄洪调度令
15	汛末蓄水计划	35	通知拉响泄洪警报
16	下季发电计划	36	发布泄洪调度令
17	枯水期运用计划	37	接收闸门操作完成报告
18	年水库运用计划	38	向市防指汇报闸门操作情况
19	网盘双周计划	39	向梯调、玉溪电站、云和防办通报闸门操作情况
20	水库快报填报	40	拍发泄洪水情电报

图 4-19　调度事件要素分类

（八）确定各事件发生时间

根据整理收集的各调度事件，分别记录各调度事件发生的时间，各自的逻辑关系。确保各调度事件的发生时间和逻辑关系合理、正确。

调度事件发生时间如图 4-20 所示。

值班流程...
2018年06月01日
12:25:54
拍发水情电报(8:08)
8 时水位记录(8:10)
报经信委数据(8:15)
水调数据核对(8:15)
大坝外网日报(8:35)
安全周报(卢)(9:00)
统调弃水报表(8:40)
水情月报传真(8:40)
防汛周报填报(08:40)
同业对标处理(8:45)
9 时水位记录(9:10)
水库调度月报(8:20)
水里平衡计算(9:35)
发送水情月报(10:30)
水库月报填报(10:30)
再生能源弃水(10:40)
水工监督月报(10:45)
白班设备巡查(14:20)
防汛日报填发(15:00)
中班设备巡查(20:20)
防汛启动 防台启动
值班重要事项保存
交班事项
市防办《关于加强瓯江玉溪至开潭段防枯水量调度的通知》，2015年10月1日起紧水滩每日发电量不少于50万度。

水调事件一览表

序号	水调事件	事件频率	发生日期	发生时间
1	水量平衡计算	每日		07:50
2	8 时水位记录	每日		08:05
3	拍发水情电报	每日		08:06
4	安全生产周报	每周	星期五	08:17
5	周生产简报	每周	星期五	08:18
6	发送华能水情	每日		08:19
7	水情旬报表	每旬、月	每月1、11、21日	08:20
8	发送月生产简报	每月	每月28日	08:27
9	生产情况周报	每周	星期一	08:28
10	下月发电计划	每月	每月9日	08:30
11	水情月报传真	每月	每月1日	08:40
12	9 时水位记录	每日		09:05
13	网盘月度计划	每月	每月15日	09:10
14	发送水情月报	每月	每月1日	10:10
15	汛末蓄水计划	每年	每年9月5日	10:15
16	下季发电计划	每季	每季前10天	10:20
17	枯水期运用计划	每年	每年11月2日	10:25
18	年水库运用计划	每年	每年11月2日	10:30
19	网盘双周计划	每周	星期四	10:40
20	水库快报填报	每月	每月21日	10:50
21	水库月报填报	每月	每月1日	10:50
22	白班设备巡查	每日		14:20
23	发送汛情周报	每周	星期五	14:55
24	发送汛情日报	每日		14:55
25	每天工作日志	每日		15:05
26	中班设备巡查	每日		20:20
27	零点设备巡查	每日		23:20

图 4-20 调度事件发生时间

（九）VB 语言开发提醒程序

根据 VB 语言的定时器功能，实现指定时间发出事件提醒，包括画面推出报警和语音报警。流程中未处理事件能准确、及时发出语音和画面报警，语音报警声音响亮。

水调任务管理系统的提醒程序如图 4-21 所示。

三、应用效果分析

基于程序化决策的水调任务管理系统采用面向对象技术进行系统开发，具有调度文档生成快速、调度事件提醒齐全、调度流程设置规范、管理系统响应及时等特点，便于提高水调工作效率，能够实现防洪调度文档的统一编制、防洪调度事件实时提醒和水调工作标准化、制度化、规范化管理，避免水调工作

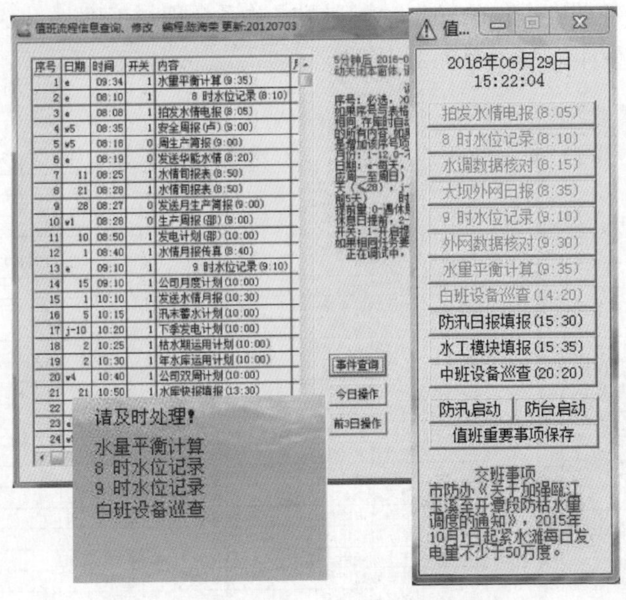

图 4-21 水调任务管理系统的提醒程序

项目遗漏和调度操作流程跳项等现象发生，数据报表上报率和正确率达到100%，为水库上下游防汛抗洪抢险赢得了宝贵时间，减轻了下游的防洪压力，实现了下游错峰目标和全流域抗洪的胜利。

第三节 基于二维码的水调自动化信息管理

一、现状与不足

由于水情自动测报系统和水调自动化系统涉及无线电、遥测、计算机、自动化等多个系统，具有设备多、网络复杂、数据流向多样化等特点，水调自动化系统经过多年的运行，存在以下问题。

（1）不能及时、方便的查阅历史故障及处理情况。

（2）没有水调自动化系统的设备网络定置。

（3）缺少直观的水调自动化系统数据流程图。

（4）缺少水调自动化系统管理的相应报表。

（5）缺少水调自动化系统设备巡查管理。

（6）缺少水调自动化系统数据管理。

因此，决定开发基于二维码的水调自动化信息管理平台，为实现水调自动化系统稳定运行，确保水情、水调数据能准确计算和实时传输到上级调度机构。

二、采用的技术

（一）二维码

二维码是用某种特定的几何图形按一定规律在平面分布的、黑白相间的、记录数据符号信息的图形；在代码编制上巧妙地利用构成计算机内部逻辑基础的 0、1 比特流的概念，使用若干个与二进制相对应的几何形体来表示文字数值信息，通过图像输入设备或光电扫描设备自动识别以实现信息自动处理。

（二）Flash

Flash 是一个创作工具，从简单的动画到复杂的交互式 Web 应用程序，它可以创建任何作品。通过添加图片、声音和视频，可以使 Flash 应用程序媒体丰富多彩。Flash 提供了创建和发布丰富的 Web 内容和强大的应用程序所需的所有功能。不管是设计动画还是构建数据驱动的应用程序，Flash 都提供了创作出色作品和为使用不同平台和设备的用户提供最佳体验的工具。

（三）ASP

ASP 是 Microsoft Active Server Pages 的简称，是一套微软开发的服务器端脚本环境，结合 HTML 网页、ASP 指令和 ActiveX 元件建立动态、交互且高效的 WEB 服务器应用程序。ASP 程序的控制部份，是使用 VBScript、JScript 等脚本语言来设计的，当执行 ASP 程序时，脚本程序将一整套命令发送给脚本解释器，由脚本解释器进行翻译并将其转换成服务器所能执行的命令。

三、信息管理平台功能实现

（一）实现原理

平台以 Flash 优越的交互功能和丰富的图形作为主界面，以 ACCESS 数据库作为维护资料的载体，以 ASP 作为 Web 网页的主要编程语言，结合 VBscript、HTML、SQL 等多种编程语言实现信息资料的查询保存，并通过扫描二维码方式打开指定链接，获取数据存储路径。

平台通过 ACCESS 数据库功能，建立设备管理数据库，创建设备基本信息、设备维护记录、数据管理、设备巡查等数据库表，通过实时更新测点设备基本信息、设备故障维护信息、设备定期巡查信息、水情水调数据变更信息，实现水调自动化系统设备健康稳定运行。

平台主要通过与水调自动化系统、水情自动测报系统进行数据连接，读取实时、历史水情水调数据，根据水位、雨量、机组信息、水务数据等数据的取数与来报条件，进行智能判断，发生缺报、漏报、超限时发出报警，实现监测与报警功能。

建立设备维护技术参考模块，将水调自动化系统、水情自动测报系统设备使用说明书、维护操作手册、系统接线等资料集中管理，便于故障分析维护时技术资料查阅。

（二）功能实现

平台以 Flash 流域图为主界面，具有维护记录管理、测点信息管理、定期巡查管理、数据管理、监测报警管理、技术参考管理、平台维护管理等模块。

1. 维护记录管理模块

维护记录管理实现对紧水滩水调自动化系统、超短波水情自动测报系统、GPRS 水情自动测报系统所有软硬件在运行过程出现的故障现象及处理过程进行详细记录，主要包括故障出现时间、地点、设备名称、故障现象、设备参数、处理过程、处理结果、遗留问题、工作人员等，实现系统设备从申购、测试、投运、维修，到报废退出系统运行整个生命周期的全过程记录和管理。

2. 测点信息管理模块

测点信息管理实现对紧水滩水调自动化系统、超短波水情自动测报系统、GPRS 水情自动测报系统所有硬件设备信息档案建立，并在设备更换后实时更新。水调自动化系统包括服务器、网关机、工作站、安全隔离装置、光电转换器、交换机等设备，详细记录设备型号、设备名称、配置、产品序列号、投运日期、设备管理员、设备供货商等信息；水情自动测报系统包括遥测站、中继站、中心站所有硬件设备和测站点基本信息，记录设备型号、编号、数量、投运日期、测站点经纬度、地理位置、站号、数据库内码、方位角、电台收发频率、管理人员及联系方式等。便于系统设备的维护、维修管理。

3. 定期巡查管理模块

定期巡查管理实现对设备正常巡查结果进行记录和分析，包括巡查人员、巡查时间、巡查结果等，确保水调各系统运行正常。水调自动化系统每天定期巡查两次，巡查项目包括 2 个水调中心的水调自动化系统、超短波水情自动测报系统、GPRS 水情自动测报系统运行情况，并做详细记录。巡查内容有 3 套系统中心站服务器、网关机运行情况，自动测报系统各测站来报情况，机组信息采集情况，向各省调、水调三区 Web、石塘容灾、PI 系统数据传送情况等。

4. 数据管理模块

数据管理模块实现对水调在数据采集和运算过程中出现的误码或错误信息进行记录，并详细记录修正过程和结果，确保水调水情数据的完整、统一。水调每天收集大量的水雨情数据、实时机组监控数据，并进行小时和日水库水量平衡计算。根据水库水位变化和机组实时信息、闸门操作情况还原计算水库坝址断面的入库流量。

5. 监测报警管理模块

监测报警管理实现对水调自动化系统、超短波水情自动测报系统、GPRS 水情自动测报系统三者数据的漏数、缺数、越限进行报警。水调自动化系统包括小时、日水量平衡计算情况，表计电量与自动化电量对比情况，水调自动化系统机组信息与超短波系统机组信息对比情况；超短波水情自动测报系统包括实时、小时、日水位雨量值对比，定时来报数对比；GPRS 水情自动测报系统包括水位雨量值、定时来报数、站点蓄电池低电压监测等。

6. 技术参考管理模块

技术参考管理实现将水调自动化系统、水情自动测报系统及水调所需的设备使用说明书、维护操作手册、系统接线等资料集中管理，便于故障分析维护时技术资料查阅。包括水调自动化系统维护操作手册、WDS9002 系统使用手册、水情自动测报系统各电台使用说明、遥测终端使用说明、畅通率计算方法、各设备操作规范、GPRS 自动测报系统安装使用说明、各采集模块接线图等。

四、实际应用

基于二维码的水调自动化信息管理平台主要应用于水库调度中心和水情自动测报系统遥测站，如图 4-22 和图 4-23 所示。

通过系统应用，可以实现下列功能。

（一）系统实时信息监视

现场扫描二维码，能实时监视 VHF 和 GPRS 水情自动测报系统实时来报情况、漏报情况，遥测站供电情况，水调自动化系统中心站数据完整性、正确性等，快速判断水情遥测站、中心站在数据采集、传输、存储、应用等各环节异常故障，确保系统稳定可靠运行，如图 4-24 所示。

（二）设备信息档案管理

建立水情自动测报系统、水调自动化系统信息档案，包括设备规格型号、数量、投用时间、代管人员，及设备所在地理信息、参数等信息，当系统设备

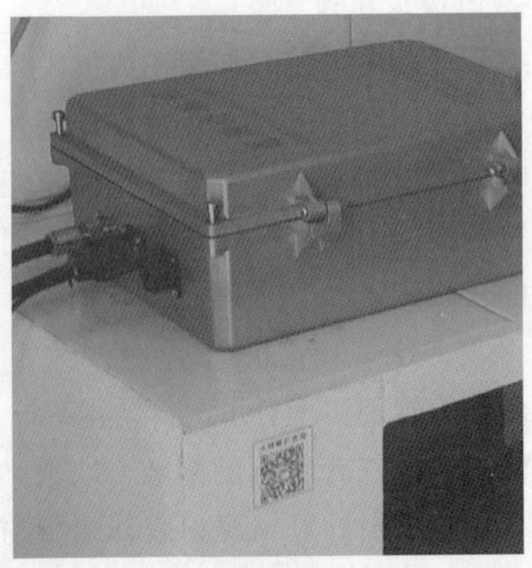

图 4-22　二维码在 VHF 水情自动测报系统遥测站应用

图 4-23　二维码在水库调度中心服务器应用

有变化时，实时更新设备信息，野外工作时，通过现场二维码能实时查询测站设备最新状态，如图 4-25 所示。

（三）设备运行维护管理

建立水情自动测报系统、水调自动化系统运行维护信息档案，包括设备日常运行记录、定期维护巡查记录、设备异常处理记录等，通过现场二维码实时管理运行维护记录，查阅历史故障处理方法，为现场故障快速处理提供技术支撑，如图 4-26 所示。

紧水滩水调自动化系统设备运行情况 - Windows Internet Explorer

http://www1.jstshdd.zpepc.com.cn:82/gprsweb/sbzc_dm3.asp

文件(F) 编辑(E) 查看(V) 收藏夹(A) 工具(T) 帮助(H)

紧水滩水调自动化系统设备运行情况

(刷新时间：2012-3-27 10：52：35)

	遥测信息	小梅	蒲地	吉蒲烊	坛湖	上锦	龙泉	龙泉W	上东	大白岸	安仁	紧坝上	紧坝上V	紧坝下W	常头	石坝上	石坝上W	石坝下V	竹忧	下烊
来报数	VHF	0	0	0	0	0	0	2.52	0	0	0	0	174.92	102.92	0	0	102.01	79.54	0	102.85
	ZDH	0	0	0	0	0	0	2.52	0	0	0	0	174.92	102.92	0	0	102.01	79.54	0	102.85
时间	VHF	10:48	10:48	10:48	10:48	10:48	10:48	10:46	10:48	10:48	10:48	10:48	10:47	10:48	10:48	10:48	10:48	10:34	10:48	09:52
	ZDH	10:48	10:48	10:48	10:48	10:48	10:48	10:46	10:48	10:48	10:48	10:48	10:47	10:48	10:48	10:48	10:48	10:34	10:48	09:52
小时值	VHF							2.53					174.93	102.54			102.08	79.57		102.85
	ZDH							2.53					174.93	102.54			102.08	79.57		102.85
日时值	VHF							2.92					175.18	103.32			102.27	79.37		103.01
	ZDH							2.92					175.18	103.32			102.27	79.37		103.01
来报次数	VHF今																			
	GPRS	2	2	2	2	2	2		2	3	2	2		2	2	2			2	2
	VHF昨																			
	GPRS	4	4	4	4	4	4		4	8	4	4		6	4	4			4	4
	GPRS电压	13.08	13.65	12.37	14.181	14.296	13.562		13.171	13.03	13.296	14.191		13.068	13.768	14.112		14.3	13.199	14.193
	GPRS时间	07:59	07:59	07:58	07:59	07:59	07:59		07:59	07:58	07:59	07:59		07:59	07:59	07:59		07:59	07:59	07:59
	机组状态	紧1#	紧2#	紧3#	紧4#	紧5#	紧6#	石1#	石2#	石3#	紧1#	紧2#	紧3#	紧4#	紧5#	紧6#	石1#	石2#	石3#	
出力	VHF	0	0	0	0	0	0	0	0	0	00:00	00:00	00:00	00:00	00:00	00:00	00:00	00:00	00:00	
	ZDH	4.87	0	4.89	0	5.45	0	0	2.58	2.58	10:49	00:56	10:49	09:26	10:46	09:24	07:44	10:49	10:49	
	水量平衡	水位	库容	Q蓄储	Q发电	Q泄洪	Q入库	Q空载	耗水率	日电量	1电量	2电量	3电量	4电量	5电量	6电量	石电量	石入库	石托水	石空载
	ZDH时	174.93	754.523	-.549	230.027	0	77.507	0	5.819	14.23	4.87	0	0	1.96	5.45	1.95	5.21	322.886	19.746	0
	ZDH日	176.50	798.98	-17.36	341.98	.00	194.27	.00	5.70	509.61	115.97	0	55.72	116.1	105.64	116.18	157.38	363.55	20.43	.00
	VHF日									513.2	115.84	0	58.8	116.24	105.76	116.56	158.72			

备注：VHF系统连换[石塘OA]服务器，GPRS系统连换[丽水WEB]服务器，ZDH系统连换[丽水VEB]服务器。

完成　　Internet　　100%

图 4-24　自动测报系统实时来报监视

紧水滩水情测报系统遥测站点信息

站点信息							
站名	小梅	建站时间	1994.04.15	水位基值	0	代管人员	
站号	61	测站经度	118.58.20	雨量权重	0.135	朱庭秀	
类型	雨量站	测站纬度	27.49.22	站点距离	19.6	联系电话	
内码	5	电台收频	228.25	方位角A	24.8	15268795	
高程	320	电台发频	228.275	方位角B	67.9		
站址座落	龙泉市小梅镇三村2021.12.22移站440米						
站点设备							
设备名称	设备型号	设备编号	投用时间	设备名称	设备型号	设备数量	投用时间
电台	ND889A		2011.10.12	蓄电池	LC-X1265	1	2020.10.15
天线	TDJ230N10	20090926	2010.03.13	太阳能板	TDB125X125	1	2021.12.22
控制板	LM-4	20110929	2011.10.12	设备名称	设备型号	设备编号	投用时间
雨量计	JDZ05-1	J032003206	2021.12.22	二极管			2021.12.22
水位计	无			馈线	SYV-50-7		2010.03.13
避雷器		2011.04	2012.10.16	PVC管			2021.12.22
雨量线			2021.12.22	水位线	无		
电源线			2021.12.22	防风钢丝索			
接地线			2004.03.26	PVC管拉索	无		
告警牌			2012.10.16	水尺片	无		

图 4-25　系统信息档案

（四）设备巡查管理

根据《水情自动测报系统运行维护规程（DL/T 1014—2016）》规定，值班人员应每日对中心站设备，对遥测站的遥测数据、设备电池电压、数据传送通

水情自动测报系统检查情况记录表(VHF)

编号：Q/JSD 20133-JL03

检测参数

站名	石塘坝下	维护时间	2022.10.10	天气情况	晴	工作电压	13.2
充电电流	19.8	充电电压	0.22	驻波比	1.23	方位角	吸盘
发射功率	28.1	反射功率	0.28	静态电压		静态电流	
工作电流		雨量计	正常	振子	正常	避雷器	正常

故障情况

秋查正常，电缆已到货，下半年更换恢复

故障处理

13:25测量，水位计至继保室电缆未恢复

维护人员

刘国富、陈海荣、金建乐、刘伟、董建军（浙KD5688）

图 4-26　水调自动化设备维护管理模块

道及设备状态进行监视和分析，通过二维码将每日设备巡查情况进行管理，如图 4-27 所示。

http://www1.jstskdd.zpepc.com.cn:82/?11=14&tm=2012-03-26 06:12:08&xm=石塘 - 石塘水调中心设备检查记录表 - Windows Inte...

石塘水调中心设备检查记录表

巡查时间：2012-03-26 06:12:08　　巡查人：江惠芳

序号	项目	检查内容	检查情况	序号	项目	检查内容	检查情况
1	丽水通信服务器	内存数据库	正常	18	VHF服务器	D模型洪水预报	正常
2	丽水通信服务器	数据中间件	正常	19	VHF服务器	单位线洪水预报	正常
3	丽水通信服务器	通信中间件	正常	20	VHF服务器	电力数据通讯器	重启
4	丽水通信服务器	通信中间件应用端程序	正常	21	三区GPRS服务器	数据中间件	正常
5	丽水通信服务器	双水情取数	正常	22	三区GPRS服务器	数据处理	正常
6	丽水通信服务器	隔离错误监视程序	正常	23	三区GPRS服务器	实时数据处理	正常
7	丽水通信服务器	正向网络安全隔离通讯客户端	正常	24	三区GPRS服务器	报警服务进程	正常
8	丽水通信服务器	PI通讯程序	正常	25	三区GPRS服务器	计算	正常
9	丽水通信服务器	南瑞网络通道状况监测进程	正常	26	三区GPRS服务器	GPRS拨号	正常
10	丽水通信服务器	进程守护	正常	27	三区GPRS服务器	数据采集平台	正常
11	水情OA机	OA系统	正常	28	三区GPRS服务器	进程守护	正常
12	水情OA机	三区WEB	正常	29	数据合理性检查	测站来报次数(VHF)	正常
13	水情OA机	班组网络办公系统	正常	30	数据合理性检查	测站最近来数情况(三区GPRS)	正常
14	卫星小站	原始来报码	正常	31	数据合理性检查	综合统计查询	正常
15	卫星小站	硬件设备	正常	32	数据合理性检查	水调自动化系统数据是否当前	正常
16	卫星小站	GPRS遥测数据传送	正常	33	数据合理性检查	各系统或服务器时段水位对比	正常
17	VHF服务器	原始来报码	正常	34	数据合理性检查	水量平衡计算(水调自动化)	正常
				35	数据合理性检查	VHF雨量与GPRS雨量对比	正常

打印预览　关闭窗口

图 4-27　水调自动化设备巡查管理模块

（五）实现系统设备标准化、规范化管理

系统管理平台将水调自动化系统、水情自动测报系统及水库调度所需的设备使用说明书、维护操作手册、系统图纸等技术资料分门别类进行管理，实现

技术资料的标准化、规范化、网络化，系统平台主界面如图 4-28 所示。

图 4-28 水调自动化系统平台主界面

五、应用成效

水调自动化信息管理平台通过对系统设备从申购、测试、投运，到维修、报废整个生命周期的全过程记录和维护管理实现设备闭环管理，通过对系统运行数据的研判实现对设备故障实时预警管理，通过对水调业务日常工作、防汛防台管理实现对水调业务的闭环管理，提高设备的可靠性，实现水调自动化系统稳定、可靠、高效运行，确保水电站安全防洪和经济合理调度。

思 考 题

1. 获取水文数据的常用途径有哪些，其优缺点是什么？
2. 缺数如何处理，如何进行数据的平滑处理？
3. 大数据模型预报常用模型有哪些，其特点是什么？
4. 融合模型是构建了几个层级，各包含多个神经单元？
5. 水调自动化信息管理平台具备哪些功能？

参 考 文 献

[1] 周三多，陈传明，贾良定．管理学原理与方法．第六版 [M]．上海：复旦大学出版社，2014.

[2] 陈森林．水电站水库运行与调度 [M]．北京：中国电力出版社，2008.